TRADUIT ET REVU SUR LE MANUSCRIT SUÉDOIS

PAR

J.-H. KRAMER.

Introduction.

Comme j'avais lieu de m'y attendre, mon mémoire sur les traces d'invertébrés et sur l'importance paléontologique de ces traces[1], a reçu du monde savant un accueil très divers. D'un côté, j'ai eu la satisfaction de voir mes opinions approuvées; de l'autre, on s'est hâté de protester contre les déductions que j'ai cru pouvoir tirer des expériences exécutées jusqu'ici par moi. A la tête des hommes de science appartenant à la dernière catégorie s'est placé le savant botaniste d'Aix, M. le marquis DE SAPORTA, qui publiait, dès 1882, un volumineux travail[2] accompagné d'une foule de planches, et destiné à réfuter les conclusions auxquelles j'étais arrivé. Si je n'ai pas répondu depuis longtemps déjà aux objections contenues dans ce travail, c'est d'un côté par la raison que mes voyages au Spitzberg en 1882 et au Groënland en 1883, ont amené des occupations qui ont absorbé à peu près tout mon temps, et de l'autre parce que les objections formulées par M. le marquis DE SAPORTA ne me paraissaient pas de nature à convaincre un savant impartial du fait que ma manière de voir n'était pas justifiée. Une réponse à l'ouvrage précité m'a donc paru d'une importance secondaire, et je me suis par conséquent contenté jusqu'ici de la protestation que, comme réponse aux remarques de l'illustre zoologiste de Paris, M. le professeur A. GAUDRY, j'ai cru devoir publier dans le Bulletin de la Société géologique de France[3]. Dans la question relative aux bilobites, notre confrère en géologie, M. LEBESCONTE de Rennes, est parti du même point de vue que M. DE SAPORTA[4]; quoique ses opinions divergent des miennes, je ne puis m'empêcher de lui exprimer ici mes remercîments de la manière impartiale et consciencieuse avec laquelle il défend son point de vue. Il en est de même du savant géologue de Lisbonne, M. DELGADO, auquel on doit une intéressante notice sur quelques bilobites du Portugal[5]. M. DELGADO m'a communiqué par écrit son intention de combattre en détail ma manière de voir dans un autre mémoire

---

[1] A. G. NATHORST: Om spår af några evertebrerade djur m. m. och deras paleontologiska betydelse. Med 11 taflor. Accompagné d'une traduction abrégée en langue française: Mémoire sur quelques traces d'animaux sans vertèbres et sur leur portée paléontologique. *Mémoires de l'Acad. R. des Sciences de Suède*, T. 18, N° 7. Stockholm 1881. Norstedt & Söner.

[2] A propos des algues fossiles. Paris. G. Masson, 1882. Quand je citerai cet ouvrage dans la suite, je le désignerai simplement par «Algues fossiles» afin d'être plus bref.

[3] Quelques remarques concernant les algues fossiles. — Bull. de la Soc. Géol. de France, 3me série, T. 11, p. 452.

[4] Oeuvres posthumes de MARIE ROUAULT. Suivies de «les Cruziana et Rysophycus connus sous le nom général de bilobites sont-ils des végétaux ou des traces d'animaux»? Par P. LEBESCONTE. Rennes-Paris. 1883.

[5] J. NERY DELGADO: Note sur les échantillons de bilobites envoyés à l'exposition géographique de Toulouse. Bull. de la Soc. d'Hist. nat. de Toulouse, t. 18. 1884.

NOUVELLES OBSERVATIONS

SUR

DES TRACES D'ANIMAUX

ET

AUTRES PHÉNOMÈNES D'ORIGINE PUREMENT MÉCANIQUE

DÉCRITS COMME

"ALGUES FOSSILES".

PAR

A.-G. NATHORST.

AVEC 5 PLANCHES EN PHOTOTYPIE ET PLUSIEURS FIGURES
INTERCALÉES DANS LE TEXTE.

STOCKHOLM.
P. A. NORSTEDT & SÖNER.
6, BIRGER JARLS TORG.

PARIS.
LIBRAIRIE F. SAVY.
77, BOULEVARD SAINT-GERMAIN.

1886.

Prix 12 francs.

NOUVELLES OBSERVATIONS

SUR

DES TRACES D'ANIMAUX

ET

AUTRES PHÉNOMÈNES D'ORIGINE PUREMENT MÉCANIQUE

DÉCRITS COMME

"ALGUES FOSSILES".

PAR

A.-G. NATHORST.

AVEC 5 PLANCHES EN PHOTOTYPIE ET PLUSIEURS FIGURES
INTERCALÉES DANS LE TEXTE.

MÉMOIRE PRÉSENTÉ A L'ACADÉMIE ROYALE DES SCIENCES DE SUÈDE, LE 16 SEPTEMBRE 1885.

STOCKHOLM, 1886.
KONGL. BOKTRYCKERIET.
P. A. NORSTEDT & SÖNER.

accompagné de plusieurs planches.   Malheureusement, ce mémoire n'a pas encore vu le jour, et il m'est par conséquent impossible de discuter actuellement aussi ses objections[1].   J'ose espérer, néanmoins, que les développements contenus dans le présent travail rendront d'avance superflue une réponse aux objections susdites.   A mon article dans le Bulletin de la Société géologique de France, M. le marquis DE SAPORTA a répondu par un mémoire encore plus volumineux que le précédent[2].   Là, notre illustre confrère ne se contente pas seulement de décrire comme algues une foule de traces ou de pistes d'invertébrés, mais encore il voit des algues dans presque chaque rugosité produite par les vagues à la surface du sédiment.   Ce procédé est, il faut l'avouer, d'une parfaite conséquence si l'on se place au point de vue de M. DE SAPORTA.   Mais alors pourquoi ne pas trancher radicalement la question, et déclarer algues les traces depuis longtemps connues de *Cheirotherium*, etc., ou toutes celles que M. DESNOYERS a décrites, dans le temps, des plâtrières de Montmorency?   J'aurais laissé passer également sans observation ce dernier travail de M. DE SAPORTA, s'il n'avait pas allégué, comme raisons en faveur de sa manière de voir, des circonstances propres, peut-être, à infirmer plus ou moins mon opinion aux yeux des personnes qui n'ont pas donné une attention spéciale aux conditions dans lesquelles se présentent les traces d'animaux.   Une partie de ces raisons ont aussi été émises par MM. LEBESCONTE et DELGADO.   Je me suis livré en conséquence à de nouvelles expériences qui seront décrites plus loin.   Je tiens cependant à signaler d'ores et déjà ce qu'elles prouvent, savoir que bien loin d'être incompatibles avec mes opinions, toutes les raisons énoncées contre moi sont au contraire la conséquence nécessaire, inévitable, du mode de naissance des traces.   Le mémoire que je livre actuellement à la publicité, a donc pour objet de servir de réponse aux objections de MM. DE SAPORTA, LEBESCONTE et DELGADO[3] contre l'opinion émise par moi qu'une partie des prétendues algues fossiles ne sont en réalité que des traces d'animaux ou d'autres phénomènes de nature purement mécanique.

J'ai en outre à répondre dans cette introduction à quelques remarques faites par le savant professeur à la faculté des sciences de Marseille, M. A.-F. MARION, tout en profitant de l'occasion pour dire quelques mots de la manière dont les planches des ouvrages de M. DE SAPORTA ont été exécutées.

J'ai oublié de signaler dans mon précédent travail, qu'en 1878 M. MUNIER-CHALMAS émettait l'avis que les *Cruziana* devaient être des traces d'animaux.   Je n'ai pas eu, du reste, accès à l'ouvrage même de ce savant, et je ne connais l'ouvrage en question que par une citation de M. LEBESCONTE (*Oeuvres posthumes de* MARIE ROUAULT, p. 61, 62).   A une époque plus récente, M. MUNIER-CHALMAS s'est prononcé de nouveau dans le même sens, tout en protestant contre les opinions émises dans le dernier ouvrage de M. DE SAPORTA par rapport aux *Cruziana*, aux *Eophyton* et peut-être aussi aux *Cancellophycus*. (*Bullet. de la Soc. Géol. de France*, 3me Série, t. 13, p. 189.)

---

[1] Le mémoire en question m'est parvenu plus tard, ce qui m'a permis d'y répondre dans l'Appendice (Annexe II) à la fin de cet ouvrage. — *Note ajoutée le 20 avril 1886.*

[2] Marquis DE SAPORTA: *Les organismes problématiques des anciennes mers.* Paris. G. Masson, 1884.

[3] M. le professeur L. CRIÉ, à Rennes, s'est, il est vrai, prononcé aussi contre moi (*Les Origines de la vie. Essai sur la flore primordiale.* Paris 1883). Je considère toutefois au-dessous de ma dignité de répondre à une personne dont les seuls arguments se composent d'allégations en l'air et d'invectives. Il suffira de constater qu'il n'entre aucune plante réelle parmi les «algues» décrites par ce savant.

M. Marion a communiqué à M. de Saporta une note insérée dans le premier
ouvrage de celui-ci (*Algues fossiles*, pp. 10—11). M. Marion commence par dire dans
cette note que «M. Nathorst ne saurait avoir la prétention de faire croire que les mers
«anciennes .... aient été dénuées d'algues». Cette remarque de l'illustre savant de Marseille est parfaitement étrange, car il n'a été question de rien de pareil. Il ne s'est pas
agi de savoir s'il y avait eu des algues ou non, mais uniquement si les objets décrits
comme algues doivent être considérés comme tels. M. Marion m'a donc attribué une
allégation que je n'ai pas eue, et c'est d'autant moins à sa place, que j'ai moi-même vu
dans l'Eophyton [1] des traces produites par des algues, et que j'ai décrit en outre une
algue véritable des assises siluriennes de la Vestrogothie [2]. M. Marion dit ensuite avoir
répété mes expériences; mais, comme j'aurai tantôt l'occasion de le montrer, les siennes
paraissent avoir échoué en grande partie. Or, pour ne rien dire de plus, tirer des déductions d'expériences manquées, me paraît tout au moins étrange.

Le savant professeur de Marseille fait toutefois, mot pour mot, cet aveu-ci : «Il est
«vrai qu'un crustacé Isopode ou Amphipode, qu'une annélide Chétopode sont susceptibles,
«étant placés au fond d'un vase plein de boue ou de plâtre mou, de produire des pistes
«assez nettes; ces pistes peuvent même devenir assez complexes et comme ramifiées, si la
«bête est laissée quelque temps à elle-même, mais en poussant l'expérience plus loin,
«lorsque les crustacés Isopodes et Amphipodes, qui vivent naturellement en société, sont
«abandonnés tout un jour sur les mêmes fonds, ils finissent par tout détruire et on ne
«trouve plus alors qu'une surface pétrie de minuscules impressions, comme de petits coups
«d'ongles.» Il est évident que le but de la dernière partie de ce point est d'amoindrir la
valeur de la première, parfaitement en harmonie avec ma manière de voir. Mais heureusement cette objection n'a aucune portée, par la raison qu'elle est en opposition flagrante
avec ce qui se passe dans la nature. Nous possédons en effet des exemples d'une incroyable
quantité de traces parfaitement conservées d'animaux, non-seulement sur les rivages actuels
de la mer, mais encore à l'état fossile. Et M. Marion dit lui-même, trois lignes plus bas:
«J'accorde que les Crossochorda ont pu être des pistes de crustacés Amphipodes ou Isopodes.»
Même M. de Saporta en personne non-seulement le concède, mais reconnaît aussi la
parfaite raison d'être de mon opinion que Gyrochorte doit être considérée comme des
traces analogues. Nous voyons donc ici des traces bien conservées d'Isopodes ou d'Amphipodes, quoique ces animaux aient vécu en société! Mais vient maintenant un point curieux: «Les traces des annélides Chétopodes, comme Phyllodoce, Nereis, Syllis, Glycera,
«Hermione, sont en revanche des plus fragiles.» J'ai cependant donné des dessins de
plusieurs traces (*Mémoire sur quelques traces* etc., Pl. 8, Pl. 4, fig. 3) produites par
Glycera alba Rathke (détermination donnée par M. le professeur Sven Lovén), lesquelles
bien loin d'être fragiles, sont au contraire nettement limitées et présentent des ramifications distinctes. La remarque de M. Marion à cet égard ne prouve par conséquent qu'une

---

[1] A. G. Nathorst: Om några förmodade växtfossilier (*Sur quelques fossiles supposés végétaux*). Bulletin
(*Öfversigt*) de l'Acad. R. des Sciences, 1873.

[2] A. G. Nathorst: Om förekomsten af Sphenothallus cfr. angustifolius Hall i Vestergötlands siluriska
lager (*Sur la présence de Sphenothallus cfr. angustifolius Hall dans les assises siluriennes de la Vestrogothie*).
Bulletin (*Förhandlingar*) de la Société géol. de Stockholm, T. VI, 1883, p. 315, Pl. 15.

chose, savoir que ses expériences avec l'annélide en question se sont distinguées par un complet insuccès.

Plus étranges encore sont ses allégations que «les traces laissées par des annélides «sédentaires à longs cirres tentaculaires, telles que les Térébellides, sont bien celles qui «ressemblent le plus aux Chondritées», et que «s'il y a des apparences de ramification, «c'est par superposition de deux tentacules ou déplacement du même organe». J'ai cependant, dans mon ouvrage cité, décrit et reproduit une grande quantité de traces, tant de *Goniada maculata* ÖRST., que de *Glycera alba* RATHKE (Pl. 3, fig. 5; 5, ff. 2 et 3; 6, ff. 1—3; 7, ff. 2 et 3; 8; 9, f. 1; 10, f. 1), chez lesquelles la ramification n'est pas apparente, mais réelle, et qui plus est, se répète constamment. On verra à la page 73 de l'ouvrage en question comment cette ramification s'opère.

Les allégations du savant français me paraissent par conséquent dénuées de toute portée dans la question dont il s'agit, ses expériences n'ont rien apporté de neuf à celles que j'ai déjà décrites, et en outre, elles paraissent avoir échoué en partie. Je n'ai pas besoin de répondre ici à ce que le savant professeur de Marseille dit des bilobites, vu que je les traiterai plus loin en détail. Je me contenterai de signaler pour le moment qu'il «nie absolument la possibilité d'une semblable trace». Or j'ose espérer que cette possibilité sera prouvée plus loin jusqu'à l'évidence.

Il est impossible, néanmoins, de refuser à MM. MARION et DE SAPORTA le mérite de faire preuve, dans l'ouvrage en question, d'une idée un peu plus juste qu'auparavant de la forme que peuvent revêtir les traces d'animaux. On lit en effet à la page 77 de leur précédent ouvrage, *l'Évolution des cryptogames*: «Mais l'animal en mouvement, quelle que puisse être «la lenteur de sa progression, ne saurait tracer dans la vase que des stries parallèles et «longitudinales», allégation assez curieuse en présence de tout ce qui a été publié depuis longtemps sur la matière. Maintenant, après avoir reconnu qu'il ne faut voir qu'une piste dans *Crossochorda*, reproduite comme algue à la page 80, fig. 20, de «l'Évolution des cryptogames», ils sont forcés de concéder, pour être conséquents, qu'une trace peut être munie de costules obliques, parfaitement comme chez les bilobites. *Crossochorda* est, il est vrai, décrite dans «l'Évolution du règne végétal» à l'époque où l'on en faisait encore une algue. On trouve littéralement ces mots-ci à la page 79: «Leur organisation (celle «des bilobites) ne différait pas beaucoup extérieurement de celle des *Crossochorda* «SCHIMP., du silurien inférieur de l'Écosse et de Bagnols (Orne). Les *Crossochorda* mon- «trent également une accolade de deux cylindres vers le haut de la plante, dont la ter- «minaison se trouve connue. Les dimensions étaient beaucoup moindres, en sorte que les «*Crossochorda* représentent, pour ainsi dire, des Bilobites en miniature. Les parties ter- «minales, telles que nous les figurons, montrent deux bandes convexes séparées par un «sillon commissural, d'où partent des stries obliques séparées par autant de costules. Vers «le sommet, le sillon s'efface et les costules, de moins en moins prononcées, se confondent, «comme si elles naissaient l'une après l'autre de l'extrémité médiane du phyllome, dont le «contour est obtus. Ces costules s'ajoutaient ainsi une à une, et le phyllome prenait son «accroissement par le prolongement apical et continu de son sommet.»

Après toute cette description, il est en réalité étonnant que, tandis que M. MARION reconnaît désormais que ces «Bilobites en miniature» sont des traces, il n'en nie pas moins «absolument» que les grandes bilobites puissent être des espèces de traces. J'ai cru devoir présenter dès l'abord les remarques qui précèdent, pour montrer comment la position prise dans le principe par les deux savants auteurs s'est légèrement modifiée, quoique cette modification soit à la même fois accompagnée d'inconséquences inexplicables.

J'aborde maintenant une autre question, celle des planches illustrant les ouvrages de M. le marquis DE SAPORTA. Elle ne peut, en effet, être passée sous silence, quoiqu'il me soit très pénible d'y toucher. Il est évident que lorsqu'il s'agit d'une controverse sur des objets douteux, on ne peut être assez prudent, assez méticuleux, dans leur reproduction, et que *l'opinion particulière de l'auteur ne doit exercer aucune influence sur la figure,* celle-ci étant appelée à montrer l'objet sans la moindre idéalisation, et comme il se présente en réalité dans la roche. On doit encore moins omettre la reproduction de cette roche même, l'image que l'on obtient en ce cas risquant sans cela de perdre toute valeur. Si l'on reproduit p. ex. une trace des pattes de Cheirotherium à la fois légèrement idéalisée et sans la roche, comment pourrait-on savoir que la figure ne représente qu'une trace et non la patte elle-même? Et si l'on rendait de la même manière les marques de gouttes de pluie? Dans mon précédent travail, j'ai laissé pour ma part les animaux montrer eux-mêmes leurs traces. Les plaques de gypse sur lesquelles ils ont rampé, ont été directement photographiées et rendues par la phototypie; et quand les bêtes ont produit des traces sur de l'argile, il en a été pris des coulées en gypse qui ont été reproduites de la même façon que les premières par la méthode phototypique. Il n'a par conséquent été employé ni plume, ni crayon, ni burin pour la représentation des planches qui accompagnent mon ouvrage, et les figures s'offrent par suite parfaitement sous le même aspect que si elles eussent été exécutées par les animaux mêmes. Chacun reçoit ainsi de ces planches une idée tout aussi sûre de l'apparence des traces, que s'il avait devant lui les plaques mêmes de gypse. Elles sont parfois, il est vrai, plus claires que les planches; mais cette méthode de reproduction a cependant l'avantage de ne pas faire ressortir une partie au détriment d'une autre, et d'offrir tous les objets dans la même proportion que la réalité, quelle que soit l'opinion de l'auteur.

Il est fort à regretter que notre illustre confrère d'Aix ne se soit pas servi de cette méthode. La reproduction photographique a été si perfectionnée de nos jours, que l'emploi n'en rencontrerait aucune difficulté dans la plupart des cas, surtout pour les bilobites, qui ne peuvent pas être rendues avec une exactitude parfaite par une autre méthode. La brochure citée ci-dessus de M. DELGADO est du reste une preuve qu'elles se prêtent fort bien à la photographie. Je ne suis du reste pas le premier qui se plaigne des figures appartenant aux ouvrages de M. DE SAPORTA. Ainsi, déjà M. LEBESCONTE dit (l. c., p. 70) par rapport aux bilobites reproduites dans le mémoire: *A propos des algues fossiles:* «Notre confrère donne deux figures de bilobites. Je regrette qu'il reproduise dans ses «dessins certaines parties de la roche en en retranchant d'autres qui sont intercalées avec les «fossiles.» Il est par conséquent très difficile de distinguer dans les planches de M. DE SAPORTA ce qui est essentiel de ce qui ne l'est pas. Si même cela a eu lieu à son insu, les opinions préconçues de l'auteur ont imprimé leur cachet sur les figures. Or ce n'est pas encore tout: quelques-unes des figures de son mémoire: *A propos des algues fossiles* ont reçu une idéalisation tellement flagrante en conformité de la théorie de l'auteur,

qu'elles ne peuvent plus être considérées comme fidèles.   Telle est, p. ex., la figure d'Eophyton (l. c., p. 65, fig. 6), chez laquelle non-seulement la roche brille par son absence,
mais encore les objets mêmes ont été dessinés d'une façon qui correspond peu à leur
apparition réelle, circonstance dont je me considère comme parfaitement apte à juger,
ayant examiné plusieurs centaines d'exemplaires de ces objets.   Si notre savant confrère trouve que je suis injuste à cet égard, je le prie de bien vouloir réfuter mon
allégation en publiant une photographie de l'original, ce à quoi je ne puis assez fortement
l'engager.   Je prends la liberté de citer, comme d'autres exemples du défaut d'authenticité
des planches de M. DE SAPORTA, les ff. 1 et 2 ci-jointes de la Pl. 1, dont la première
est une copie photographique de *Chondrites filicinus* SAP., telle qu'elle est reproduite dans
les *Végétaux jurassiques* (Pl. 18, fig. 1), et la seconde une copie photographique du dessin
du même échantillon dans les *Algues fossiles* (Pl. 6, fig. 4).   La fig. 3 de ma Pl. 1
montre *Phymatoderma Terquemi* SAP. tel qu'on le trouve à la Pl. 2, fig. 1 a, des *Végétaux
jurassiques*, et duquel M. DE SAPORTA dit, page 116 de ce dernier ouvrage: «1. *a*, plusieurs
«ramules grossis pour montrer l'aspect des inégalités verruqueuses de la surface».   Ma
Pl. 1, fig. 4, fait voir le même exemplaire tel qu'il est rendu dans les *Algues fossiles*
(Pl. 6, fig. 6 a).   La ressemblance, on l'avouera, n'est pas grande, et si cette dernière
figure est correcte, on aura toute raison de dire que les figures des *Végétaux jurassiques*
sont telles, qu'il ne peut guère leur être attribué l'importance à laquelle on serait en droit
de s'attendre.   Circonstance assez curieuse, en outre, ces dernières figures correspondent parfaitement à la description, ce qui m'amène à supposer que ce sont les figures des *Algues
fossiles* qui manquent d'authenticité.   Que l'on me permette au surplus de signaler la
différence existante entre le *Chondrites taxinus* SAP. des *Végétaux jurassiques* (Pl. 24, fig.
5) et celui des *Algues fossiles* (Pl. 6, fig. 3).   La figure de *Chondrites flabellaris* SAP. des
Algues fossiles (Pl. 6, fig. 2) présente également un tout autre aspect que celle des *Végétaux jurassiques* (Pl. 15, fig. 3).   Tandis que les segments de cette dernière sont cylin-
driques et ronds en conformité de la description, ils se montrent dilatés et aplatis vers
le sommet dans la figure des *Algues fossiles*. *Cancellophycus Marioni* SAP. a reçu dans
les *Algues fossiles* (Pl. 7, fig. 4) une sculpture en réseau manquant à la figure du même
exemplaire dans les *Végétaux jurassiques* (Pl. 10, fig. 1), quoique le texte prétende que
«l'exactitude est parfaite».   Je pourrais citer plusieurs faits de la même espèce.   Or,
quand on constate des inexactitudes du genre de celles que je viens de relever chez les
figures des *Algues fossiles*, qu'il est possible de contrôler, que faudra-t-il croire des autres?
La faute n'en est pas à moi, si je suis forcé d'exprimer l'opinion qu'une grande partie
des figures des *Algues fossiles* offrent une idéalisation leur enlevant à peu près toute
valeur.   Je n'ai pas eu l'occasion de constater ce qu'il en est à cet égard des figures des
Organismes problématiques; mais, me fondant sur ce que je viens de dire, je dois avouer
que ma confiance en leur authenticité n'est pas excessive.   Je ne désirerais toutefois rien
de mieux que de m'être trompé à cet égard.

Je tiens à ce que l'on ne se méprenne pas sur le but des remarques énoncées ci-
dessus.   Aussi, tout en ayant cru devoir dire, dans l'intérêt de la vérité, ce qu'il en est
des planches jointes à l'ouvrage de l'illustre botaniste d'Aix, je m'empresse de déclarer
que loin de supposer que M. DE SAPORTA ait eu, dans l'intérêt de sa cause, l'intention

de donner des figures inexactes, je pose seulement que dans son empressement bien légitime à défendre une cause juste à ses yeux, il s'est trouvé tellement dominé par sa manière de voir, que les dessins en ont reçu une impression à son insu.

Je terminerai cette introduction en exprimant l'avis que s'il est déjà peu digne en soi-même de donner à un adversaire scientifique des qualifications telles que: «un esprit étroit», ayant «un but fixé d'avance» (*Algues fossiles*, p. 68), c'est à la même fois peu prudent avant que l'issue du combat ne soit décidée. Car, s'il se montre que cet adversaire a le droit de son côté, on risque fort de voir les épithètes employées se retourner contre leur auteur.

La fossilisation en demi-relief.

En dépit de l'allégation suivante de M. DE SAPORTA: «Il ne sera donc plus admissible «d'objecter le demi-relief à titre de preuve que les fossiles affectant cette apparence sont «des traces mécaniques et non pas des êtres organisés» (*Organismes problématiques*, p. 90), j'ose exprimer pour la plupart des cas une opinion diamétralement opposée. Je dirai, à l'adresse des personnes qui n'ont pas fait une étude spéciale de la question, que la fossilisation en demi-relief signifie que les objets visés se trouvent en relief sur la face *inférieure* de la couche, ou, en d'autres termes, qu'ils constituent des remplissages d'évidements dans la surface supérieure de la couche de dessous. Il est naturel que des traces d'animaux devront se présenter de cette manière. L'animal produit, pendant sa locomotion, un sillon dans le sable ou la vase du fond, ou une empreinte avec son pied ou sa patte sur les hauts-fonds du rivage (fig. 1). Cette trace se remplit plus tard de sable ou de vase, qui forme la couche superposée (fig. 2); quand cette couche-ci s'est durcie, le moulage en demi-relief est prêt. Comme on le voit, ce phénomène est des plus simples; il n'offre rien qui prête à l'étonnement, et l'on possède en réalité une foule de traces fossiles qui se présentent toujours de cette façon, comme p. ex. celles de Cheirotherium, ainsi que les traces de sauriens, d'oiseaux, etc., que l'on connaît de longue date de l'Amérique du Nord, sans parler des nombreuse traces de mammifères, de tortues, de sauriens, etc., du genre de celles décrites par M. DESNOYERS des plâtrières bien connues de la vallée de Montmorency[1]). Non-seulement des pistes d'animaux, mais aussi des empreintes de

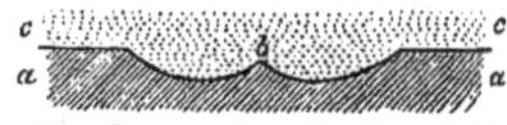

Fig. 1. Coupe idéale de la trace d'un animal sur un fond mou (plastique). *a*. Argile du fond; *b*. Coupe transversale de la trace de l'animal.

Fig. 2. *a* et *b* = fig. 1; *c*. Sable recouvrant la couche d'argile et remplissant la trace.

---

[1]) J. DESNOYERS: *Sur des empreintes de pas d'animaux dans le gypse des environs de Paris et particulièrement de la vallée de Montmorency.* Bullet. de la Soc. géol. de France, 2me série, T. 16. p. 736. Il ne sera pas sans intérêt, par rapport au sujet qui nous occupe, de citer ici quelques lignes de la description de M. DESNOYERS relative à la manière dont se présentent ces traces: ... «les surfaces mêmes ... contenaient aussi «des cavités en forme d'amandes, disposées par groupes et se reproduisant à de certaines distances souvent régu-«lières. Ces sortes d'amandes étaient toujours imprimées en creux à la surface supérieure des bancs et en relief «à la surface inférieure des bancs superposés ... On en devait conclure, au contraire, qu'elles représentaient «une impression passagèrement laissée et ainsi reproduite en creux et en relief, au contact de certains bancs».

gouttes de pluie ont été, comme l'a décrit LYELL, conservées de la même manière en demi-relief à la surface inférieure de la couche. En présence de ces faits, dont on pourrait augmenter indéfiniment le nombre, il est très curieux de lire l'assertion suivante de MM. DE SAPORTA et MARION dans l'*Évolution des cryptogames* (p. 77): «Comment, au surplus, la «trace ouverte par le passage ou le séjour de l'animal supposé aurait-elle pu persister «intacte et vide jusqu'après la consolidation définitive du sédiment?»

Les Bilobites, ou, pour être plus exact, les Cruziana se présentent en tous points de la même manière que les traces d'animaux mentionnées; on les rencontre dans la règle en relief sur les faces inférieures de la couche, principalement lorsque le lit sous-jacent se compose d'argile, plus rarement lorsqu'il est formé de sable. Elles peuvent être très saillantes; la forme surtout qui a été désignée sous le nom de «pas de bœuf» est remarquable par sa convexité, ce qui revient à dire que la cavité où elle s'est moulée était relativement profonde. Ces circonstances sont parfaitement en harmonie avec l'opinion qui voit dans les Cruziana les traces d'un crustacé. Tantôt l'animal a nagé, tantôt il a creusé un sillon ou une cavité plus profonde dans la vase («pas de bœuf») pour y chercher peut-être sa nourriture. La circonstance que les bilobites se présentent en relief à la surface inférieure de la couche est au contraire une rude pierre d'achoppement pour ceux qui en font des végétaux. Pour l'expliquer, M. DE SAPORTA a essayé, d'un côté, d'inventer une espèce spéciale de fossilisation, et s'est efforcé, de l'autre, de démontrer que l'on rencontre aussi des végétaux indiscutables dans les mêmes conditions.

Or, nous allons voir tantôt qu'aucun de ces arguments n'est valable.

Voici comment s'exprime notre confrère dans son dernier ouvrage (*Organismes problématiques*, p. 12): «En abordant le sujet de la fossilisation en demi-relief, il faut se «garder, je l'ai dit plus haut, de confondre le phénomène considéré en lui-même avec «l'explication que j'en ai donnée dans mon premier mémoire (*Algues fossiles*, p. 7) et «antérieurement, de concert avec M. MARION, dans le livre de l'*Évolution des cryptogames* «(p. 71 et suiv.). Cette explication, ou mieux la recherche de ce qu'on peut nommer le «mécanisme du procédé, tel que j'ai essayé d'en rendre compte, pourrait être mal conçue «et inexacte; elle pourrait être à la rigueur, ce que je suis loin de croire, totalement fausse «que le fait même de la fossilisation en demi-relief de certains végétaux n'en subsisterait «pas moins et aurait droit à une sérieuse attention à titre de phénomène incontestable». Afin de ne pas me rendre coupable d'injustice, je vais en conséquence examiner d'abord les essais d'explication du prétendu phénomène, puis les soi-disants exemples de ce phénomène.

L'explication de M. DE SAPORTA est en résumé celle-ci (*Algues fossiles*, p. 7—8): Une plante tombée au fond de la mer, et se recouvrant de sable, produira, sous l'effet de la masse de sable sus-jacente, une empreinte dans la vase sur laquelle elle repose. Le sable pénètre dans ladite empreinte à mesure que la plante se dissout, et quand la dissolution est accomplie, l'empreinte entière se trouve comblée par la masse de sable, qui fournit de la sorte une image en relief de la forme et de la sculpture de la plante. Cette explication semble ne pouvoir être plus claire; mais en l'examinant d'un peu près, elle se montre bientôt totalement inadmissible, et elle a enlacé son auteur dans une telle quantité de contradictions, que ces dernières suffisent à elles seules à montrer que l'explication en cause ne peut pas être conforme à la réalité.

Déjà M. LEBESCONTE a émis la remarque suivante, parfaitement juste, à laquelle, malgré tout ce qu'il a écrit dans son dernier ouvrage *(Organismes problématiques)*, M. DE SAPORTA n'a pu donner de réponse satisfaisante, et à laquelle, du reste, toute réponse est évidemment impossible du point de vue où l'illustre savant d'Aix s'est placé. Voici l'objection de M. LEBESCONTE *(Oeuvres posthumes de Marie Rouault*, p. 70): «M. DE SAPORTA «indique "que le pas de bœuf, qui n'est qu'un moule en creux de bilobite, était excavé «dans un grès de même nature que l'assise supérieure à laquelle appartient le relief.» Ce «fait est exact, mais comment expliquer, suivant la théorie de la fossilisation en demi-«relief, que la plante, pressée par la pesanteur du sable qui l'entourait, soit sortie à moitié «de cette couche pour pénétrer dans une autre couche de sable aussi dure? Cela est «contraire aux lois de la pesanteur, qui se fait sentir uniformément sur toute une couche «et non sur certaines parties».

Je me permettrai d'accompagner cette remarque de la question suivante: Pourquoi la pression aurait-elle en outre agi surtout sur le *milieu* du fragment de bilobite de manière que celui-ci reçût toujours une inflexion en courbe des extrémités vers ce milieu? Si un fragment de Cruziana, dont, suivant l'opinion de M. DE SAPORTA, l'apparence originaire aurait été à peu près celle de la fig. 3, venait, comme l'admet M. DE SAPORTA, à être enfoncé dans le sable par une pression quelconque, l'empreinte donnerait naturellement une image négative de la forme de cet objet (fig. 4). Or, quelle forme affectent en réalité les «pas de bœuf»? Cette forme, la fig. 5 la reproduit en section longitudinale, telle qu'on la rencontre invariablement. Il serait fort intéressant de savoir en vertu de quelle loi physique la pression aurait toujours exercé une action plus forte vers le milieu que vers les extrémités. Notre savant confrère d'Aix est-il peut-être à même de nous fournir quelques renseignements là dessus? Il est permis d'avoir des doutes à cet égard jusqu'à plus ample informé.

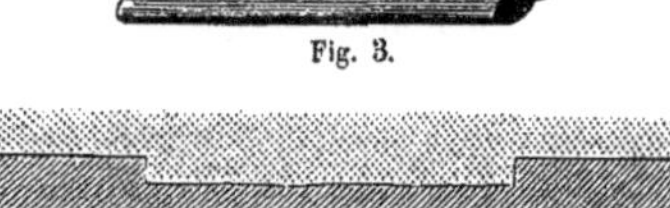

Fig. 3.

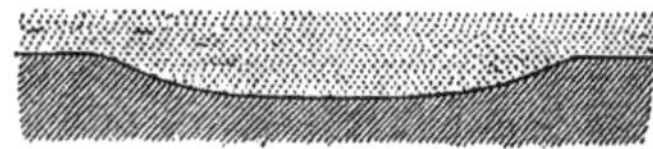

Fig. 4.   Profil longitudinal de l'empreinte due à la fig. 3, et remplie par du sable.

Fig. 5.   Coupe longitudinale d'un «pas de bœuf» et de la roche environnante.

M. DE SAPORTA dit dans son dernier mémoire *(Organ. problém.*, p. 81): «La cavité «dite *pas de bœuf* . . . reproduit l'aspect d'un tronçon de *Bilobites pseudo-furcifera*, dont «le prolongement se perd ensuite dans le grès. Quoi qu'on ait voulu dire, il a dû en «être ainsi toutes les fois que des portions des Bilobites, à demi plongées dans l'argile ou «le sable sous-marin, ont été ensuite pressées par le lit supérieur en voie de formation. «Non-seulement l'impression de leur face inférieure, moulée en creux dans la vase, en a «reçu plus de précision, mais les parties encadrées dans la pâte du nouveau lit ont dis-«paru dans la plupart des cas, par suite du tassement des éléments sableux et avant leur «consolidation définitive qui les a fait passer à l'état de grès arkose».

Il est superflu, selon moi, d'ajouter des commentaires à cette explication.

Mais il est ensuite évident que si cette pression avait été active dès l'enfouissement des objets, ce qui du reste ne peut être admis, comme je le ferai voir plus loin, le sable y aurait été non-seulement pressé à mesure de la dissolution, mais aussi tassé dans le lit sous-jacent, de façon à rendre l'empreinte parfaitement méconnaissable. Car, pourquoi la pression, si forte, suivant M. DE SAPORTA, que les objets ont été enfoncés dans l'argile jusqu'à une profondeur de quelques centimètres, aurait-elle dû cesser au moment où l'empreinte était remplie? Chaque grain de sable aurait plutôt dû s'enfoncer dans l'argile, y effacer entièrement l'image qui s'y trouvait peut-être de l'objet, et par dessus tous les traces de sa sculpture extérieure; cela d'autant, que la prétendue pression se serait forcément toujours mieux accusée avec l'augmentation du sable sus-jacent. Et pourquoi la dissolution de l'organisme aurait-elle toujours dû commencer à la surface supérieure? C'est là une hypothèse parfaitement gratuite et radicalement infirmée par l'expérience: la dissolution commence par les organes les plus mous ou les plus accessibles à la putréfaction, que ces organes se trouvent au centre, ou qu'ils soient en bas ou en haut. Suivant M. DE SAPORTA, les bilobites auraient été unicellulaires et fistuleuses, avec une surface extérieure relativement résistante. La dissolution, si elles ont été des organismes, a dû, dès lors, commencer par l'intérieur; et, suivant les lois de la physique aussi bien que d'après l'expérience, l'effet de la pression aurait dû être de les aplatir totalement, comme les troncs creux, bien connus, de *Sigillaria*, etc. Une fois aplaties, il n'y a aucune raison d'admettre qu'elles aient été pressées dans la vase. C'est un contre-sens de prétendre qu'un organisme fistuleux unicellulaire ait pu, comme l'admet notre confrère d'Aix, produire, au moyen d'une pression pareille, une cavité aussi profonde que celle dont les «pas de bœuf» constituent le remplissage. Et si l'explication de M. DE SAPORTA était juste, pourquoi ne trouverions-nous pas partout des empreintes en demi-relief de toutes les espèces possibles d'organismes plus ou moins mous, tels que les ascidies, les holothuries, etc.? M. DE SAPORTA est forcé lui-même de faire l'aveu suivant: «comme ce mode de fossili-«sation est restreint au règne végétal, à très peu d'exceptions près, et que même dans ce «règne il ne caractérise qu'une assez faible minorité de végétaux, il est resté inconnu à la «masse des observateurs peu familiarisés avec les plantes fossiles, et à qui il produit l'effet «d'une explication cherchée à plaisir pour les besoins de la cause.» (*Organismes problé-matiques*, p. 7). Je suis heureux de pouvoir abonder en plein dans cette dernière opinion. La pression dont parle M. DE SAPORTA n'existe pas dans la réalité, et les phénomènes qu'il donne comme preuves à l'appui: «l'aplatissement des troncs de palmiers, des rhizomes de Nym-phéacées, des cônes de pins et de tant d'autres organes» (*Organismes problématiques*, p. 61), ces phénomènes n'ont rien à voir ici, car ils se produisent *longtemps après* la formation du dépôt [1].

Les organismes vivant au fond de la mer sont tellement imbibés de l'eau qui supporte la pression de l'eau sus-jacente, pression ultérieurement diminuée par la masse d'eau déplacée, que ladite pression n'exerce pas sur eux d'influence appréciable. Cela se comprend de soi-même, car, dans le cas opposé, ni les algues si molles, ni les vers, les ascidies, les

---

[1] Que l'on me permette de signaler en passant ce qu'il y a de curieux dans la circonstance que, tandis que M. DE SAPORTA a reconnu que les troncs solides et durs de palmiers s'aplatissent, la même espèce de pression n'exercerait pas un effet pareil sur les bilobites, considérées cependant comme unicellulaires et fistuleuses, mais que celles-ci seraient au lieu pressées dans la couche inférieure. Ce n'est là que l'une des nombreuses contradictions dans lesquelles notre confrère est tombé, mais à l'examen desquelles je juge toutefois inutile de me livrer ici.

échinodermes, etc., n'y pourraient vivre. Même les couches sédimentaires supérieures du fond de la mer sont si bien pénétrées de l'eau résistant à la pression de l'eau sus-jacente, que les objets enfouis dans la vase n'ont aucune apparence d'être, comme l'admet M. DE SAPORTA, pressés dans le lit sous-jacent. Ces couches sont par conséquent toujours remplies d'une multitude des organismes les plus mous, tels que vers, échinodermes de différentes espèces, etc., et cela encore à de grandes profondeurs. Une foule de roches riches en fossiles de diverses espèces, montrent de la façon la plus positive qu'elles n'ont subi aucune pression quelconque *pendant leur formation*. Me fondant sur ces diverses circonstances, je crois donc pouvoir dire qu'une «fossilisation en demi-relief», telle que la comprend M. DE SAPORTA, n'existe pas dans la réalité, et qu'il y faut voir au contraire «une «explication cherchée à plaisir pour les besoins de la cause».

Je montrerai néanmoins plus bas qu'il peut se produire, quoique par un autre mode, une vraie fossilisation en demi-relief.

Examinons maintenant la portée de l'autre argument donné par M. DE SAPORTA, savoir que même des végétaux indisputables se présentent en demi-relief. Dans son premier ouvrage (*Algues fossiles*, p. 8), le savant phytologiste dit que ce fait est si commun chez les plantes fossiles, qu'il n'aurait ici que «l'embarras du choix»[1]. Il cite comme exemple, dans son second ouvrage (*Organismes problématiques*), des branches de quelques conifères, ainsi que des rhizomes et des feuilles de Nymphéacées. Loin de moi de nier, à l'égard des premières, la possibilité qu'on en trouve réellement des échantillons conservés en demi-relief, quoiqu'il me semble qu'il aurait dû être pratiqué quelques sections transversales dans le but de démontrer que ce ne sont pas de vrais moules remplacés par des matières minérales, et adhérant légèrement à l'un des côtés[2]. M. DE SAPORTA a tout aussi peu montré qu'elles se présentent en relief sur les vraies *surfaces* des couches et en outre à leur face *inférieure*. Il dit seulement (*Organismes problématiques*, p. 15): «cette «face paraît être constamment l'inférieure». Nous pouvons du reste volontiers admettre que c'est effectivement le cas, une admission pareille n'ayant pas la moindre influence sur les déductions qui en peuvent être tirées. Tout au plus en peut-on dire que la possibilité a été prouvée par là que de vrais végétaux fossiles peuvent se présenter en demi-relief à la face inférieure des couches. Mais quiconque s'est occupé des conifères fossiles, sait parfaitement bien que c'est aussi une *exception des plus rares;* d'ordinaire, ils se présentent comme de véritables moules, comme des empreintes, ou ils sont même réellement transformés en charbon, de sorte que l'épiderme en peut encore être examiné au microscope. M. DE SAPORTA dit aussi précisément de ce même Brachyphyllum cité par lui comme preuve de la présence de vrais végétaux en demi-relief, qu'il en «existe au surplus des «empreintes charbonnées dans les lits contemporains du lac d'Armaille.» Si les figures de Brachyphyllum données par M. DE SAPORTA représentent un véritable demi-relief à la face inférieure du lit, ce dont je n'ai pas été entièrement convaincu, il y faut voir par

---

[1] Nous avons vu plus haut qu'elle n'était désignée que comme caractérisant «une assez faible minorité de «végétaux».

[2] La cavité au sommet de la branche Pl. I, fig. I (*Organ. problém.*) semble être de nature à justifier ce soupçon.

suite une *exception* très rare, mais personne n'ignore combien il est dangereux de tirer des déductions générales de circonstances exceptionnelles. Pour que cela eût été à même de prouver quelque chose à l'égard des Cruziana, il aurait fallu que notre savant confrère eût donné un exemple d'un végétal indiscutable qui *toujours*, ou du moins dans la grande majorité des cas, se présentât en relief à la face inférieure du lit, principalement à la limite entre des roches différentes. M DE SAPORTA aurait dû expliquer en outre pourquoi les Cruziana qui cependant, d'après sa manière de voir, ont été fistuleuses avec une enveloppe relativement résistante, et *par conséquent se prêtaient admirablement bien à être conservées comme moules fermés*, ne peuvent presque jamais montrer des moules de l'espèce; il aurait dû expliquer ensuite pourquoi elles n'apparaissent pas comme de véritables empreintes dans la masse, et pourquoi on ne les rencontre non plus jamais à l'état carbonisé. Les exemples cités de Nymphæa sont tout aussi peu probants par les mêmes raisons, car nous savons tous que dans la plupart des cas, cette plante ne se présente pas en demi-relief. Je dois avouer, du reste, qu'il me semble plus que douteux que les fragments de rhizome reproduits par M. DE SAPORTA soient réellement des exemplaires en demi-relief, car ce ne sont que des fragments, pouvant par cette raison parfaitement bien être des parties de véritables moules. Quiconque s'est un peu occupé des troncs fossiles, sait fort bien, surtout quand ils se rencontrent dans le grès, qu'il est souvent impossible de décider, en présence de fragments peu considérables, si l'on a devant soi une empreinte ou seulement une partie de moule véritable; et ni les figures données par M. DE SAPORTA, ni sa description du rhizome de Nymphæa, ne fournissent de preuve de ce qu'il en est à cet égard. En réalité les exemples donnés perdent toute leur portée par la raison qu'ils concernent les Nymphéacées. Quand le rhizome mort du Nénuphar jaune (*Nuphar luteum*) p. ex. reste déposé au fond de l'eau, la totalité du tissu se dissout à l'exception de la couche corticale même, qui forme un cylindre creux faisant voir les cicatrices des feuilles et la sculpture de la surface, conservées jusque dans leurs moindres détails. L'épaisseur de la couche corticale comporte une fraction de millimètre, et les fragments s'en montrent comme des parties de

Fig. 6. Fragment d'une partie corticale de *Nuphar luteum*, recueillie au fond du lac Immeln, en Scanie. Les cicatrices correspondent à l'insertion des radicules.

feuilles très minces (voyez la figure 6 ci-jointe). Cette circonstance, qui parait être entièrement inconnue à M. DE SAPORTA, fausse totalement son exposé, car il est de toute évidence que les exemplaires décrits par lui ne montrent pas de fossilisation en demi-relief, mais qu'ils constituent de véritables empreintes de fragments de rhizome dissous de la façon qui vient d'être mentionnée. Au reste, même *si* la donnée de M. DE SAPORTA sur leur présence en demi-relief avait été juste, il y aurait eu tout au plus à en tirer la conséquence que parmi les plantes véritables on *peut* rencontrer aussi la fossilisation en demi-relief, *quoique seulement à titre exceptionnel*.

La question à laquelle il y a maintenant lieu de répondre est celle de la manière dont se produisent de vrais demi-reliefs. La chose est des plus simples, si même elle ne se présente qu'exceptionnellement, et les conditions nécessaires à cet égard sont parfaitement les mêmes que celles qui ont dû et qui doivent encore présider à la formation et à la conservation des empreintes des gouttes de pluie. Ces conditions ont été depuis longtemps décrites par LYELL [1], et j'ai traité moi-même la matière en détail dans mon mémoire sur les Méduses fossiles des couches cambriennes inférieures de la Suède [2]. Les conditions susdites sont en résumé, comme je le signalais déjà dans mon précédent travail (*Mémoire sur quelques traces* etc., p. 62), qu'un rivage peu profond, dont le fond se compose d'argile, reste à sec assez de temps pour que les empreintes formées dans l'argile reçoivent un certain degré de consistance avant que le rivage soit de nouveau recouvert par l'eau. Pour les rivages de la mer, les conditions mentionnées se présentent principalement entre deux hautes marées. La vase apportée par la première reste en partie intacte pendant 15 jours. Entre son point supérieur et le bord de l'eau, cette vase prend tous les degrés possibles de dureté, d'où il suit qu'il s'y peut produire des empreintes différentes, entre autres aussi celles de gouttes de pluie. Quand une nouvelle couche de vase survient à la marée suivante, les moules sont prêts à la recevoir. Mais ces moules se remplissent aussi fréquemment de sable que le vent y chasse, et quand survient une nouvelle marée, celle-ci, comme l'a décrit LYELL, peut aussi pousser devant elle une bande ou cordon de sable, qui comble les inégalités. Ainsi se remplissent les espèces multiples d'empreintes: *ripple-marks*, marques de pluie, pistes, etc., qui peuvent se trouver sur la plage, pour offrir, quand la couche s'est durcie, des demi-reliefs ou même des moules véritables. Les organismes laissés par la précédente marée peuvent également fournir des empreintes pareilles, quoiqu'ils aient été eux-mêmes totalement dissous. Les méduses qui, dans les circonstances ordinaires, ne laissent aucune empreinte sur le fond de la mer, ont, dans ces conditions-ci, de fortes chances d'en produire, car elles viennent maintenant peser sur la vase molle de tout leur poids, relativement considérable par l'effet de l'eau qu'elles contiennent. C'est de cette façon qu'ont pu être produites les empreintes de méduses de Lugnås (Suède).

On comprendra sans peine que les plantes donneront aussi par le même mode naissance à des empreintes; tandis qu'il leur était impossible d'en produire dans l'eau, vu que leur poids y était trop insignifiant, il n'en sera plus de même ici. Il est évident, toutefois, que si elles n'ont pas été dissoutes avant la marée suivante, on n'aura pas d'empreinte en demi-relief, mais une empreinte ordinaire ou en moule. Les algues, qui se dissolvent plus promptement, ont, par conséquent, *a priori*, la plus grande chance d'être conservées de cette façon. Mais il n'est pas moins évident, d'un autre côté, que si la dissolution est trop rapide, il est peu probable qu'il en résulte un moule *distinct*. Les conditions sont meilleures pour les végetaux supérieurs, si une nappe d'eau représentée, soit par un golfe maritime ou par un bassin d'eau douce à fond argileux, vient à être mise à sec pendant *un certain espace de temps*. Dans les cas de l'espèce, il y a toute chance que les feuilles et les branches donneront aussi naissance à des empreintes vides qui pourront être remplies plus tard et produire des pétrifications en demi-relief [3]. Il va de soi, néanmoins, que

---

[1] LYELL: *On fossil rain-marks of the recent, triassic and carboniferous periods.* Quarterly Journal Geol. Soc. London, 1851. Vol. 7, p. 238.

[2] Om aftryck af medusor i Sveriges kambriska lager (*Sur des empreintes de Méduses dans les couches cambriennes de la Suède*). Mémoires (*Handlingar*) de l'Acad. des Sciences de Suède, T. 19, n:o 1.

[3] *Si* réellement, comme le prétend M. DE SAPORTA, les feuilles de Nymphéacées se présentent avec une fréquence relativement grande en demi-relief, cela pourrait être dû à la circonstance que les eaux où elles avaient crû se desséchaient parfois.

les fossiles dus à ce mode de formation ne pourront être que des exceptions, et que les mêmes végétaux qui à telle occasion donneront peut-être naissance à des fossilisations pareilles en demi-relief, devront être conservés, dans la plupart des cas, sous forme de moules fermés et d'empreintes. Quoique l'on puisse s'attendre *a priori* à ce que les algues se présentent moins rarement de cette manière, il n'a cependant, de mon su, pas encore été décrit une seule algue véritable qui n'ait été conservée de la sorte.

Le demi-relief ne comporte par conséquent pas toujours une preuve contre la nature organique de l'objet, et j'ai peut-être attaché trop de poids à cette circonstance dans mon précédent ouvrage. *Mais il constitue cette preuve dès que la forme précitée devient la règle et non l'exception.*

Comme résumé de ce qui vient d'être dit sur la fossilisation en demi-relief, nous nous croyons en droit de poser comme constaté que le mode de fossilisation invoqué par M. DE SAPORTA n'existe pas dans la réalité, et que les arguments qu'il a cru pouvoir évoquer en s'appuyant sur des plantes véritables, manquent de toute portée, parce qu'ils constituent des exceptions. Nous avons vu néanmoins qu'il peut se produire une fossilisation véritable en demi-relief [1], mais que cette fossilisation n'offre aucune importance pour les objets décrits comme algues par M. DE SAPORTA, et que l'on rencontre presque toujours en demi-relief, vu qu'une fossilisation pareille n'est qu'exceptionnellement possible. Désireux avant tout de la vérité, j'ai essayé de montrer encore une fois à M. DE SAPORTA comment une fossilisation en demi-relief peut s'opérer dans la réalité. Il pourra en faire l'usage qu'il lui plaira, mais je ne crois pas qu'il soit à même de prouver par là que mes opinions sur les Cruziana et les autres phénomènes mécaniques sont erronées. C'est ce que je vais maintenant essayer d'examiner en détail, en commençant par les Cruziana, qui constituent l'objet principal de la controverse.

Les Cruziana [2].

Les recherches précédentes ont montré que le mode sous lequel les Cruziana se présentent est de nature à infirmer gravement leur prétendue origine végétale. On les rencontre à peu près toujours en relief à la face *inférieure* de la couche, ce qui ne peut être qu'exceptionnellement le cas chez les plantes véritables. Ce mode de fossilisation est par contre parfaitement conforme à l'hypothèse que ce sont des traces. Au surplus, le champion le plus zélé de leur nature végétale, M. DE SAPORTA lui-même, reconnaît qu'elles n'offrent pas de ressemblance avec les végétaux contemporains (. . . »les Bilobites comme «représentant les moules d'une catégorie de plantes d'un intérêt d'autant plus saisissant, «qu'elles ne ressembleraient à aucune de celles d'aujourd'hui» — *Organismes problématiques*, p. 58). Quelle circonstance, est-on alors parfaitement en droit de se demander, a pu amener M. DE SAPORTA et consors à défendre si ardemment l'origine végétale de ces objets? Je

---

[1] Mentionnée aussi en passant dans mon *Mémoire sur quelques traces* etc., page 62.

[2] M. NEWBERRY a fait voir (Science, 1885, vol. 5, page 507) que la Bilobite de DEKAY est un mollusque, *Conocardium triangulare*, et que cette dénomination n'a par conséquent rien à voir avec les soi-disantes Bilobites. J'emploie par conséquent ici la dénomination de *Cruziana*, laquelle vise toutefois exclusivement les objets de l'espèce possédant une sculpture extérieure, et non les formes totalement unies, aussi peu que les Crossochorda.

ne veux pas employer à mon tour les accusations que M. DE SAPORTA a jugé convenable de lancer contre son adversaire (v. p. ex. *Organismes problématiques*, p. 68), mais je prendrai volontiers pour bonne la propre donnée de notre illustre confrère, que diverses circonstances relatives à la forme sous laquelle se présentent les Cruziana l'ont empéché de voir des traces dans ces objets. Dans son dernier ouvrage, M. DE SAPORTA a résumé les circonstances mentionnées en 7 points spéciaux, auxquels je répondrai plus loin en détail. Je dois toutefois faire précéder cet examen de quelques mots sur des traces analogues parmi les animaux actuels, et rendre compte ensuite des expériences auxquelles je me suis livré pour obtenir des contributions ultérieures à la solution de la question.

Si les Cruziana sont les traces d'un animal, l'espèce à laquelle cet animal a appartenu n'est plus au nombre des espèces vivantes. C'est ce que démontre, sans qu'il y ait besoin d'autre preuve, le fait que les Cruziana, apparues dans la période cambrienne, et relativement nombreuses dans la silurienne, se montrent cependant pour la dernière fois pendant la période carbonifère. Au point de vue de leur extension dans le temps, les Cruziana coïncident par conséquent d'assez près avec les trilobites, et je me suis figuré parfois qu'elles pouvaient peut-être provenir de ces animaux, quoique, comme je le montrerai plus loin, cela ne me paraisse plus probable. Dans tous les cas, l'animal est éteint, et il y a conséquemment peu d'espoir que l'on obtienne des traces d'un type vivant conformes à *tous* égards à celles des Cruziana. C'est donc par analogie que l'on devra tirer ici des conclusions.

On ne connaît relativement encore que peu de traces des crustacés actuels. Comme rappelant le plus les Cruziana, j'ai signalé des traces d'Isopodes ainsi que de Limulus, telles que ces derniéres ont été décrites par DAWSON (fig. 7). Il n'a pas été obtenu, il est vrai, de conformité complète: loin de là! Mais des traces de Limulus dont les sillons avaient à peu près la même direction que celles de certaines Cruziana, n'ont été observées que sur le sable, et par conséquent dans des conditions peu ou point favorables. Il est possible que des expériences avec cet animal dans des conditions meilleures, montrent une conformité plus grande. Il suffirait que le sillon produit par l'appendice caudal manquât, et que les empreintes fussent continues depuis la ligne médiane de la trace jusqu'au

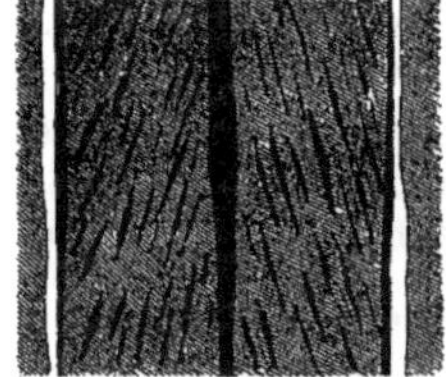

Fig. 7. Trace de Limulus (d'après DAWSON).

bord, comme p. ex. chez les traces de Corophium, pour que la conformité avec les Cruziana devînt particulièrement évidente. Elle est au reste assez grande, déjà, pour que M. DE SAPORTA en personne puisse dire dans son premier ouvrage (*Algues fossiles*, p. 68): «Les «linéaments ou traits accolés en une double rangée, soit parallèlement et à distance, soit «réunis de manière à former un cordon, me paraissent maintenant suspects.» Et notre savant confrère reconnaît dans le même ouvrage que les Crossochorda, décrites auparavant par lui comme "des Bilobites en miniature», sont réellement des traces de Crustacés. Tombons seulement d'accord sur ce que les traits généraux de l'organisation des Cruziana offrent une assez grande analogie avec ces traces, et M. DE SAPORTA lui-même ne sera sans doute pas disposé à le nier. — Je n'en demande pas davantage pour le moment.

Si les Cruziana sont des traces d'animaux, il faudra donc admettre que ce sont des traces de crustacés. Plusieurs de ces derniers, comme p. ex. *Hippa*, ont l'habitude de se creuser un trou dans le sable; d'autres, comme *Sulcator arenarius* BATE, pratiquent des tunnels immédiatement au-dessous de sa surface. L'animal que je soupçonne avoir produit les Cruziana, n'a évidemment pas labouré la vase pour son plaisir, mais bien pour y chercher sa nourriture, ou peut-être aussi parfois, comme le pense DAWSON, pour y déposer ses oeufs. On doit se rappeler ces circonstances, car elles montrent évidemment que lorsqu'une trace a déjà été formée, il n'est pas probable qu'un autre animal y pénètre plus que sur des étendues très courtes, ou en croisant le chemin du premier. Il n'existe par conséquent aucune raison d'admettre que même si les animaux vivent en société, les dernières traces doivent nécessairement effacer les premières, sauf aux points où les traces se rencontrent accidentellement. Au surplus, si même c'était le cas, les plus anciennes seules seraient effacées, tandis que les dernières venues continueraient à être évidentes. (Comparez la fig. 2 de la Pl. 4, où l'on voit 20 traces imitées de Harlania formées sur le même point, et où les dernières n'en sont pas moins très distinctes.) Une autre circonstance dont il vaut la peine de se souvenir, c'est que les crustacés peuvent aussi bien nager que marcher. Un crustacé tantôt nageant, tantôt labourant la vase, décrirait par conséquent une route

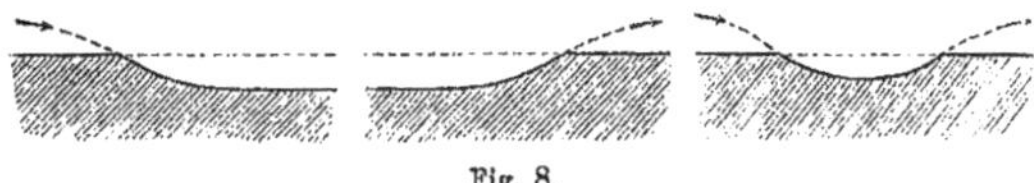

Fig. 8.

ayant p. ex. la forme de la fig. 8 ci-jointe. Ses traces dans la vase s'aminciraient toujours davantage aux extrémités, ou, en d'autres termes, le profil de longueur serait précisément ce qu'il est chez les Cruziana. La trace pourrait être tantôt moins profonde, tantôt plus, suivant les mouvements de l'animal, et parfois elle n'offrirait qu'une empreinte à peine sensible sur le fond de la mer. J'ai tenu à appeler l'attention sur ce point, par la raison que plusieurs des auteurs qui ont écrit sur les Cruziana ne paraissent pas avoir pris toutes ces circonstances en considération.

Pour quiconque a étudié d'un peu près les conditions dans lesquelles les traces d'animaux se présentent, les objections émises par MM. DE SAPORTA, LEBESCONTE et DELGADO contre mon interprétation des Cruziana comme traces, ne constituent rien d'inattendu. Et ces objections sont en réalité si loin d'être des preuves contre la thèse que les Cruziana constituent des traces, qu'elles signalent au contraire des circonstances qui en sont la conséquence nécessaire. Je compris toutefois parfaitement que ces objections ne prendraient jamais fin si je n'y répondais que par des paroles. J'avais en conséquence depuis longtemps l'intention de procéder à de nouvelles expériences, quoique je n'aie eu l'occasion de le faire que ces derniers temps. Comme il n'existe fort probablement aucune apparence d'obtenir d'un crustacé vivant des traces correspondant dans *toutes* leurs parties avec les Cruziana, il m'a paru cette fois-ci d'une importance principale de reproduire dans la mesure du possible *la manière* dont des traces se présentent sous l'empire de conditions différentes, afin que l'on sût clairement une fois pour toutes dans quelles circonstances on peut s'attendre à les voir à l'état fossile. Dans des expériences avec des animaux vivants, on dépend totalement de leur bon vouloir, et j'ai essayé pour cela de les remplacer par des objets inanimés. Une boule roulant sur de l'argile molle est le meilleur moyen de montrer comment se forme une trace en sillon sans sculpture; et si l'on veut produire une sculpture analogue à celle due aux mouvements répétés des pattes d'un animal, il est nécessaire d'employer aussi un corps en rotation. Il est évident que si les Cruziana sont des traces, une section de la partie inférieure de l'animal qui les a produites doit avoir à peu près l'aspect de la figure 9 ci-jointe; il s'agissait par conséquent dans l'expérience de voir si un corps auquel on doit un contour pareil, est à même, toutes les autres circonstances restant égales, de donner aussi les autres formes sous lesquelles les Cruziana ont coutume de se présenter. Pour obtenir une trace ressemblant au plus près à celles des Cruziana, je me suis servi du rouleau représenté par la figure 10, laquelle en montre suffisamment l'emploi et la nature pour qu'il ne soit pas nécessaire de le décrire ici. Il est toutefois évident que l'emploi d'un rouleau pareil exclut d'avance la possibilité de produire les irrégularités dans la sculpture extérieure qu'offrent parfois les Cruziana, et qui doivent facilement provenir de ce que les mouvements de l'animal ont eu une vitesse variable, qu'il s'est

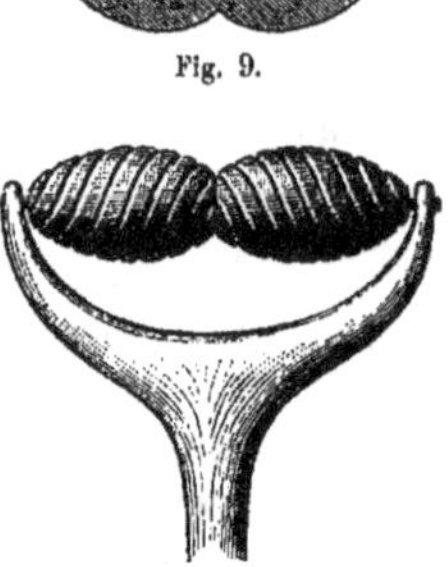

Fig. 9.

Fig. 10.   ²/₃ de la grandeur naturelle.

tenu immobile de temps à autre, etc. Il est par suite également donné que les traces obtenues par les expériences doivent montrer dans la position des stries une régularité qui n'existe pas chez des traces véritables. La matière sur laquelle a fonctionné le rouleau, a été de l'argile passant depuis divers degrés de dureté jusqu'à la vase la plus molle venant à peine d'être précipitée au fond. Les empreintes obtenues sont naturellement concaves, et il en a été pris ensuite des coulées en gypse, lesquelles correspondent par conséquent à la face inférieure d'une couche sur laquelle les objets se présentent en demi-relief. Quoique j'eusse naturellement tout aussi bien pu me servir d'un rouleau dépourvu de sculptures, j'ai cependant jugé plus convenable d'expérimenter avec un rouleau pareil à celui mentionné ci-dessus, par la raison que diverses circonstances en relation avec le mode d'apparition des Cruziana seront plus facilement comprises. Pour ne pas donner lieu à un malentendu, je crois devoir signaler que les expériences en question ne visent, s'il m'est permis de m'exprimer ainsi, que les phénomènes mécaniques des traces.

Je passe maintenant aux objections émises par M. DE SAPORTA contre l'interprétation des Cruziana comme traces, objections que, dans son dernier ouvrage (*Organismes problématiques*, p. 68—78), il groupe sous un certain nombre de points.

«1. *Les stries ou costules en forme de rides ou de cannelures sinueuses, qui couvrent* «*la superficie des Bilobites .... ces stries, loin d'être uniformes, toujours également sériées* «*et semblables entre elles, présentent souvent, lorsque leur conservation est parfaite, des di-* «*versités de détail incompatibles avec la supposition qu'il s'agirait de traces mécaniques.* «*Ces diversités prouvent au contraire que les stries ont pu se comporter avec une indépen-* «*dance relative jusqu'à varier d'aspect et de disposition d'un point à un autre, le long du* «*même tronçon de Bilobite.*»

Cette objection me paraît plutôt constituer un appui en faveur de mon opinion qu'une preuve contre sa validité. La sculpture extérieure d'une plante n'a pas coutume de varier de *cette* façon, tandis que l'on comprend au contraire immédiatement que dès qu'il s'agit des traces d'un animal, l'on ne peut pas s'attendre à une conformité parfaite de détails sur une bien longue étendue. L'animal peut s'être livré à des mouvements plus rapides ou plus lents, s'être parfois arrêté, etc., toutes circonstances qui doivent influer sur la forme de la trace. Il ne faut pas oublier non plus que cette trace subit aussi l'influence de la nature du fond, circonstance qu'Emmons signalait déjà, et qui a été ultérieurement confirmée par mes observations comme par celles de M. le professeur Hughes. [1]

M. de Saporta cite, comme illustration des irrégularités signalées par lui, que sur l'exemplaire reproduit au frontispice: «les stries de gauche sont bien plus longitudinales «que celles du segment contigu à droite, qui sont sensiblement obliques, surtout vers le «milieu». Si l'on n'a réellement affaire ici qu'à *une trace unique*, et non à deux traces qui se confondent partiellement, on peut supposer que la circonstance mentionnée s'est produite de la sorte, que les pattes de l'un des côtés se mouvaient plus rapidement que celles de l'autre; ou aussi, ce qui paraît plus probable encore, par la raison que les pattes de l'un des côtés (celles de droite) ont reçu un point d'appui stable dans l'argile, et qu'elles ont produit les stries obliques, tandis que celles de gauche, manquant de point d'appui, et traînant sur l'argile, ont donné naissance aux empreintes longitudinales mentionnées. En faveur de cette dernière probabilité milite la circonstance que le dessin indique aussi de fines stries longitudinales entre les stries ou les cannelures plus grossières, la sculpture de tout ce côté étant en outre, comme on pouvait s'y attendre, beaucoup plus diffuse qu'au côté droit. J'ai, du reste, obtenu parfois moi-même dans mes expériences une irrégularité de l'espèce, quoique pas à un degré tel que sur la figure de M. de Saporta. Elle s'est produite de la sorte, que l'un des côtés a pénétré plus profondément que l'autre et atteint la vase plus compacte, où les empreintes sont devenues plus distinctes.

«*De plus*», continue l'illustre savant français, «*ces stries ou costules sont susceptibles* «*de se réunir en formant un réseau dont les mailles changent d'aspect selon les espèces.*» — On peut toutefois dire, dès l'abord, que ce réseau ne constitue pas un caractère essentiel des Cruziana. Il manque dans tous les exemplaires suédois aussi bien que dans plusieurs de ceux décrits par M. Lebesconte; or, précisément cette circonstance que le réseau en question se présente par endroits sur d'autres exemplaires, milite en faveur de la supposition que ce n'est qu'un phénomène totalement accidentel. Une sculpture pareille peut en outre se produire de différentes manières. Avec des stries aussi serrées que chez les Cruziana, il est évident que la moindre irrégularité dans les mouvements de l'animal pourra faire que les stries se bifurquent et s'anastomosent. De plus, une sculpture en réseau apparente peut aussi être due à ce qu'après que l'animal s'est porté en avant à l'aide de ses pattes locomotives, il a touché aussi la vase de ses pattes abdominales, ce qui aura produit deux systèmes de stries se croisant entre elles. C'est à un mode de formation de l'espèce qu'il y aurait peut-être lieu d'attribuer les sculptures reproduites à la Pl. 11, fig. 3, des *Organismes problématiques* de M. de Saporta.

Dans la plupart des cas, cependant, les structures en réseau proviennent de tout autres causes, dues à ce que l'animal s'est mu dans une vase molle et meuble. Aux ex-

---

[1] *On some tracks of terrestrial and fresh-water animals.* — Quarterly Journal Geol. Society. London. Vol. 40, part 1, Febr. 1884.

périences que j'ai faites dans de la vase meuble nouvellement précipitée et recouverte d'eau, il s'est produit, comme le montrent la figure 10 de notre planche 1, les ff. 1 et 2 de la planche 2, et la fig. 4 de la planche 5, une sculpture beaucoup plus irrégulière que la sculpture ordinaire, et même parfois une sculpture en réseau.

La cause de cette irrégularité chez les traces produites dans la vase meuble, paraît être due à ce que celle-ci n'offrait pas une solidité suffisante pour que les empreintes très rapprochées pussent rester intactes, les cannelures qui les séparaient s'effondrant en partie, et amenant de la sorte les stries voisines à s'anastomoser. La difficulté de prendre des moules en gypse sous l'eau et dans une vase si peu consistante, peut servir à excuser le manque de netteté de mes figures pour cette sorte de traces, dont l'analogie avec la sculpture irrégulière de certains exemplaires de Cruziana est pourtant assez grande. Au surplus, ce n'est pas mon intention de prétendre que la structure en réseau décrite par M. DE SAPORTA doive identiquement son origine au même mode de formation. Mais il est évident qu'un animal en état de mouvoir librement ses pattes, a plus de chances encore de produire une trace pareille, et surtout des stries analogues à celles données par M. DE SAPORTA dans les *Organismes problématiques* (p. 69, fig. 9). Quoi qu'il en soit, il doit suffisamment résulter des expériences décrites ci-dessus, que contrairement aux allégations de notre confrère, une structure en réseau de l'espèce décrite par lui, n'est nullement une preuve décisive contre la nature de traces des Cruziana.[1] Il suffira de jeter un coup d'œil sur la «*Bilobites Vilanovae*» de M. DE SAPORTA (*Organismes problématiques*, Pl. 9, fig. 2) pour se convaincre que la sculpture n'a rien à voir avec une structure organique, en dépit des paroles suivantes de l'illustre savant (p. 70): «C'est encore là un réseau qu'aucun vestige matériel de traces «progressives ne saurait certainement imiter.» Cette forme doit être au contraire une trace produite dans une vase si meuble, qu'elle n'a pu conserver de sculpture distincte.

L'exemplaire original de *Cruziana furcifera* D'ORBIGNY, dont un dessin est donné dans les *Organismes problématiques* (p. 79, fig. 11), me paraît prouver de la façon la plus catégorique que l'on n'a pas affaire ici à une plante, car en ce cas les costules des deux «demi-cylindres» auraient dû être symétriques. Or, ce n'est pas le cas: tandis qu'elles ne présentent pas de bifurcations au côté gauche, ces costules sont par contre bifurquées à droite sur divers points. Les petites bifurcations offrent entre elles une direction parallèle, ce qui est aussi le cas de la figure 2, Pl. 11, des *Organismes problématiques*. Cette circonstance m'a amené à me demander si ces bifurcations apparentes ne pourraient pas être les marques des pattes de l'animal ramenées en arrière dans la locomotion, une fois le mouvement opéré. Je me suis figuré cette circonstance de la manière qu'indique la fig. 11 ci-jointe, où *ab* désigne une empreinte longitudinale produite par l'une des pattes, et *cd* une autre empreinte pareille. Dans la locomotion, l'animal aura cependant avancé de manière que *a'* se sera trouvé correspondre à *a*, et quand la patte a été transportée de *b* vers *a'*, il en sera peut-être résulté un

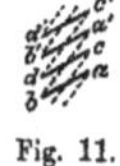

Fig. 11.

---

[1] Comme une preuve très intéressante de la manière dont il peut se produire une structure à la fois réticulée et régulière, on voudra bien consulter la fig. 9 de la Pl. 1. On y voit que chaque cannelure est traversée par un système de stries régulièrement ramifiées. On obtient cette sculpture quand l'argile s'attache au rouleau, qu'elle lâche cependant à mesure qu'il se meut. Elle m'a paru si remarquable, que j'ai cru devoir la reproduire, quoiqu'elle n'ait naturellement pas d'application au cas actuel.

sillon de *b* à *a'*, suivi de la même façon d'un autre sillon parallèle *dc'*, etc.   Il est cependant
possible que la bifurcation soit tout simplement due à ce que, comme chez *Limulus*, les
pattes de l'animal étaient· armées de deux, ou même de plusieurs ongles, ainsi que l'est
la sizième paire de pattes de ce crustacé.

«*Enfin*», continue M. DE SAPORTA, «*elles* (les stries) *se montrent sinueuses ou même
«ondulées dans bien des cas, comme si la croissance leur avait communiqué une saillie de
«plus en plus prononcée.*»   Cette forme s'obtient fréquemment dans les expériences si l'on
fait osciller quelque peu le rouleau des deux côtés, et elle indique une marche légèrement
irrégulière chez l'animal (voir Pl. 3, fig. 6).

«2.   *Les costules . . . . entraient encore dans la composition d'un tissu, d'une trame
«organique, et à ce titre elles étaient susceptibles de se croiser, de s'entremêler, de se super-
«poser, enfin de se dissocier plus ou moins par désagrégation, toutes particularités in-
«compatibles avec l'hypothèse qui verrait en elles des traces mécaniques d'invertébrés en marche.*»

Cette objection serait grave, sans nul doute, si l'on pouvait se confier sans réserve
aux allégations du savant français.   Mais nous verrons bientôt que les choses se compor-
tent quelque peu différemment dans la réalité.   Je montrerai, quand j'en serai à la réponse
au point 3, ce que signifie, et comment il se fait, que les costules peuvent «se croiser,
«s'entremêler et se superposer».   M. DE SAPORTA étaie son allégation d'un tissu organique
sur les données suivantes de M. LEBESCONTE par rapport à *Cruziana Prevosti* dans son
mémoire cité (*Oeuvres posthumes de Marie Rouault*, pp. 64 et 65): «Les anneaux de ce
«bilobite ont dû se former successivement, car ils se recouvrent les uns les autres, et quand
«l'un d'eux est fragmenté, on voit en dessous les stries de l'anneau suivant.   On remarque
«aussi des bilobites dont les simples stries ont l'air de se recouvrir les unes les autres en
«s'imbriquant.   Cette plante semble avoir été squameuse à la surface.»   Je n'ai malheureusement pu découvrir dans la description de M. LEBESCONTE, aussi peu que dans la figure à
laquelle il renvoie, ce qu'il entend par ces «anneaux», et il m'est par conséquent impossible
de répondre à ce point spécial.[1]   Mais quant à la structure imbriquée des stries dont il parle,
j'ai observé une structure apparente de l'espèce chez des traces aussi bien *d'Idothea* que
de *Crangon*, et je renvoie, pour cette structure, à ce que je disais déjà, par rapport
au dernier, dans mon mémoire sur les traces d'animaux invertébrés (v. pp. 66 et 67):
«Cette espèce de traces (lorsque l'animal touche le fond en nageant) fait voir parfois une
«structure interne apparente, qui provient de ce que les couches transversales sont à peu
«près superposées.»   La Pl. 3, ff. 4 et 5, du présent ouvrage montre une structure imbriquée
apparente de l'espèce, d'un moule obtenu par la voie expérimentale.

«3.   *Les soudures, anastomoses, entrelacements mutuels contractés par les Bilobites,
«fournissent un autre argument aussi sérieux que les précédents.   C'est un point sur lequel
«les observations de M. LEBESCONTE concordent absolument avec les miennes.   Il signale
«des segments de Bilobites qui, après s'être dédoublés et graduellement écartés l'un de l'autre,
«se croisent avec d'autres segments également isolés et prennent finalement l'aspect d'une
«véritable natte.*»

---

[1] Grâce à la bienveillance de M. LEBESCONTE, j'ai eu l'occasion d'examiner cet échantillon original, qu'il
m'a envoyé spécialement dans ce but.   Pour le résultat de cet examen, qui prouve de la manière la plus éclatante
que cette «structure interne» apparente n'est causée que par les mouvements de l'animal, voir l'Appendice.
Note ajoutée le 20 Avril 1886.

Il me suffira, pour répondre d'abord à ce dernier point, de renvoyer à la Pl. 2, fig. 6, du présent ouvrage, en priant le lecteur d'examiner pour comparaison la fig. 14, Pl. 22, de M. LEBESCONTE avec laquelle l'analogie est complète. Ces formes proviennent des occasions où l'animal ne touche que très légèrement le fond et où plusieurs traces se croisent. Les deux «demi-cylindres» sont alors faiblement séparés (voir la fig. 16, page 27, du texte, et les ff. 1 et 8 de la Pl. 3), car ce n'est que lorsque l'animal se meut à une plus grande profondeur dans la vase, qu'ils se rapprochent par suite de la double convexité du dessous du corps.

Un renvoi aux ff. 1, 3 et 9, Pl. 3, suffira à montrer comment les traces s'anastomosent[1]. Si M. DE SAPORTA avait décrit des exemplaires pareils, il aurait sans nul doute prétendu que l'un des «demi-cylindres» s'était bifurqué.

«*Non-seulement*», est-il dit ensuite, «*les Bilobites contractaient entre elles des soudures,* «*mais elles se pénétraient, comme l'a remarqué M.* LEBESCONTE, *et si complètement qu'à leur* «*point de rencontre les costules s'unissaient une à une par des anastomoses et en continuant* «*leur marche, comme si leur enlacement n'eût mis aucun obstacle à leur prolongement dans* «*une direction déterminée*». — Tous les botanistes seront sans nul doute étonnés d'apprendre que M. DE SAPORTA attribue à une plante des mœurs si étranges. Mais qu'ils se rassurent! Ce phénomène est une suite naturelle de la circonstance que les Cruziana sont des traces. Que l'on veuille bien jeter un coup d'œil sur ma fig. 8, Pl. 4, et l'on y verra comment un exemplaire en pénètre apparemment un autre. L'explication de ce fait est excessivement simple: la trace longitudinale a été formée la première, les traces transversales sont venues ensuite. Quand le rouleau forma la trace supérieure de ces dernières, il n'était pas totalement horizontal, d'où il est résulté que l'une des moitiés seule a effacé l'autre trace au point de contact (voir la fig. 12 ci-jointe). C'est de là que provient cet aspect tout particulier, parfaitement conforme à la fig. 4, Pl. 21, de M. LEBESCONTE, et qui paraîtrait effectivement indiquer à première vue que l'un des exemplaires a été pénétré par l'autre. Dans ces circonstances, l'animal a par conséquent appuyé un peu plus fortement sur l'un des côtés. On voudra bien comparer, au surplus, la fig. 11, Pl. 4. Ainsi, cette objection manque également de valeur.

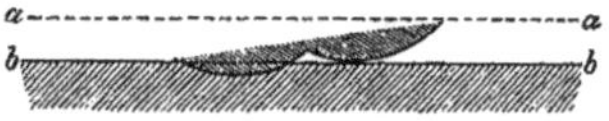

Fig. 12. *bb* fond d'une trace en profil longitudinal, *aa* la surface de la vase environnante. L'animal, en voie de croiser la trace et se mouvant dans une position oblique, ne produit qu'un sillon par sa convexité inférieure de gauche. Le moule de ce croisement reçoit la même apparence que si les deux traces se pénétraient (voyez Pl. 4, fig. 8).

4. «*Les courbures convexes que présentent les* «*Bilobites dans une foule de cas, au point où elles se* «*croisent, prouvent qu'elles se superposaient et que dans ce mouvement la dernière venue* «*était amenée à s'infléchir en passant au-dessus ou encore au-dessous de celle qui lui faisait* «*obstacle. Ce mouvement d'inflexion, que la pression venue d'en haut a contribué à rendre* «*plus sensible, n'aurait aucune raison d'être s'il s'était agi de deux pistes dont la plus* «*récente aurait effacé l'autre en la traversant*». Ici notre savant confrère commet de nouveau l'imprudence de nier une chose qui non-seulement est possible, mais encore parfaitement naturelle. Un simple coup d'œil donné à la Pl. 5, fig. 1, et à la Pl. 4, fig. 7, suffit à le démontrer. Le phénomène se produit de la sorte, que lorsque l'animal ren-

---

[1] L'exemplaire reproduit par M. DE SAPORTA Pl. 12, fig. 3 (*Organismes problématiques*), ne montre pas une «anastomose» si nette, par la raison que les deux traces se trouvent évidemment à des niveaux différents.

contre une trace déjà faite, il continue à cheminer dans la vase à la même profondeur qu'auparavant (fig. 13). Cela, si le mouvement est lent; quand il est plus rapide, les traces se couperont plus brusquement, sans que cette inflexion se puisse former. J'ai, du reste, constaté déjà, dans mes premières expériences, une inflexion pareille quand les traces de vers croisaient des traces de *Nucula*, etc. L'objection de l'illustre botaniste d'Aix est donc tout aussi peu fondée que les précédentes.

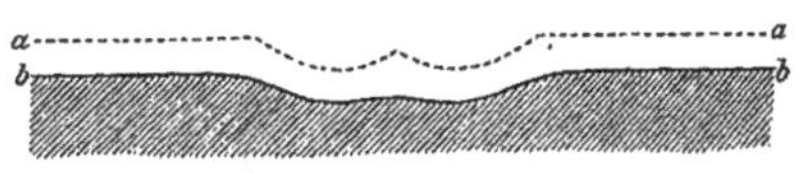

Fig. 13. *a—a* surface de la vase avec la coupe transversale d'une trace. *b—b* le fond d'une autre trace, en profil longitudinal, croisant la première. Au point où les deux traces se croisent, *b—b* s'infléchit légèrement en bas.

«5. *Une autre circonstance tenant à la* «*structure des Bilobites et que l'on observe assez* «*fréquemment chez elles, contredit l'hypothèse* «*de* M. NATHORST: *c'est la saillie des parois* «*allant jusqu'au surplomb et laissant voir* le contour de ces parois avec un retour vers la «*face incorporée à la substance de la roche*». Si l'on admet que ce n'est pas un phénomène concrétionnaire, et que cette circonstance se trouve réellement en connexion avec le mode de formation des Cruziana, l'explication en est des plus simples. Les circonstances citées dépendent naturellement de ce que l'animal a de temps à autre pénétré plus profond. DAWSON raconte de Limulus qu'il s'enfonce parfois assez profondément pour être totalement couvert par le sable, et HANCOCK a déjà décrit des traces de *Sulcator arenarius* (reproduites dans mon précédent travail), qui se poursuivent en tunnel sous la surface du sable. Quand l'animal qui a donné naissance aux Cruziana se creusait un sillon profond, celui-ci pouvait

Fig. 14.

prendre la forme de la figure 14 ci-jointe, et quand il s'enfonçait parfois totalement dans la vase, il en résultait un tunnel (fig. 15), dont le remplissage se présentait sous la forme d'un véritable moule, ce dont on rencontre parfois des exemples suivant les données de M. DE SAPORTA et d'après une communication écrite de M. R. ZEILLER. M. DE SAPORTA continue donc à être dans l'erreur, lorsqu'il dit: «Toutes ces particu

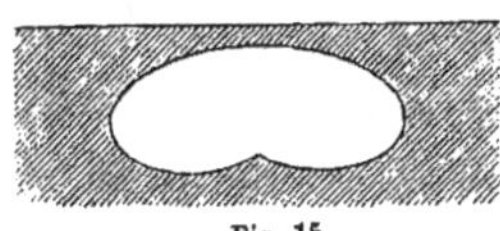

Fig. 15.

«larités paraissent incompatibles avec la supposition qui assimi «lerait les Bilobites à des traces d'invertébrés largement ouvertes «à l'extérieur, puisqu'elles procéderaient des pistes d'un animal «creusant des sillons à la surface du sol sous-marin».

«6. *Ce ne sont pas seulement des soudures, des anastomoses, des superpositions par* «*suite de croisement qu'offrent les Bilobites; elles se présentent encore à l'état de fragments,* «*de tronçons épars, accumulés en désordre, comme si le hasard ou le mouvement des flots* «*les eût rejetées sur certains points du fond sous-marin. On conçoit qu'il suffise de con* «*stater un seul de ces accidents pour rendre impossible la supposition qu'il s'agirait de* «*traces mécaniques, puisque celles-ci, une fois produites, ne sauraient ni se déplacer, ni se* «*tronçonner, encore moins donner lieu à des lambeaux épars*».

Malheureusement la preuve que notre confrère devait donner de cette assertion n'est décisive à aucun égard. Elle se compose du renvoi à une figure (*Organismes problématiques*, Pl. 10) qui représenterait trois «lambeaux» de Cruziana, suivant l'interprétation du savant français. Le plus grand «lambeau» est interrompu à sa partie supé rieure par le bord de la pierre, et dissimulé à sa partie inférieure par deux exemplaires indistincts qui traversent obliquement le premier, d'où il suit que l'on ne sait en réalité rien de sa limite réelle. Or, M. DE SAPORTA prétend que ce fragment est «lacéré, déroulé «et aplati». Par quelle raison? Simplement parce que le bord de droite offre une limite irrégulière. vers la roche, et que la pierre est traversée de deux fissures. A l'égard des deux autres soi-disants lambeaux, l'un est effacé jusqu'à se trouver presque invisible, et l'autre, selon l'avis de M. DE SAPORTA, se présente comme une «sorte de tronçon «déchiqueté aux deux bouts». — «Les deux extrémités sont visiblement coupées et, pour «mieux dire, tailladées. Le dessin a rendu très exactement l'aspect de cette double ter- «minaison qui implique, à elle seule, la nécessité de reconnaître un organisme véritable «dans un corps de nature à être déchiré; ce qui ne saurait être le cas d'une piste, de «quelque façon qu'on la conçoive».

L'assertion du savant botaniste m'a amené à étudier à fois réitérées cette Pl. 10, mais je me vois forcé d'avouer qu'il m'est impossible d'y découvrir ce prétendu tronque- ment. A gauche, le fragment semble disparaître insensiblement dans la roche à l'excep- tion du sommet même, et à droite il en est de même du «demi-cylindre» inférieur, tandis que le supérieur est limité par une irrégularité dans la masse de la pierre. Il me semble en conséquence que la limite est bien loin d'être nette. Mais si même c'était le cas, notre confrère a oublié la double circonstance que les crustacés peuvent alternative- ment se livrer à la marche ou à la natation, et que si une trace est partiellement effacée par le clapotis des vagues, par l'agitation de l'eau, due à un autre animal, ou enfin par la condition molle de la vase, *cette trace ne se montrera plus tard pour l'observateur que comme un simple fragment.* Je renvoie du reste à mes Pl. 3, fig. 2, à droite, et Pl. 2, fig. 6, où l'on croirait avoir aussi affaire à des fragments «tailladés». Nous sommes par conséquent amenés à reconnaître que cette objection du savant français est tout aussi peu fondée que les autres.

«7. *Le dernier argument et l'un des meilleurs à faire valoir en faveur de l'origine «végétale des Bilobites et de leur ferme consistance à l'état vivant, résulte de la présence «des nombreuses cicatrices qui parsèment ces corps. Ces cicatrices, creusées dans leur sub- «stance, le plus souvent ombiliquées et cernées d'un bourrelet circulaire, annoncent d'une «manière sûre l'adhérence prolongée, soit d'un ou plusieurs parasites, soit encore d'une pro- «duction appendiculaire, radicule ou propagule, née de la Bilobite et plus tard détachée «d'elle; c'est au moment de sa chute que cette production, quelle qu'elle soit, aurait laissé «après elle une cicatrice répondant à son point d'insertion».*

Une réponse à cet argument curieux, pour ne rien dire de plus, serait superflue à tout prendre, M. DE SAPORTA en ayant lui-même montré l'inanité. Il dit en effet: «j'ai «fait voir que ces sortes de cicatrices se montraient fort nettes à la superficie du *Fræna «Sainthilairei, et qu'elles étaient fort nombreuses sur le Panescorsea primordialis»* (*Organ. problém.*, p. 77). Or «*Panescorsea primordialis*» est une *ripple-mark* évidente (voir *Organ. problém.*, fig. 7, p. 52), quoique notre confrère en fasse, il est vrai, une algue, et la circonstance que des «cicatrices» pareilles s'y rencontrent, montre du premier coup d'œil qu'elles n'ont à coup sûr rien à voir avec des plantes, à quelque catégorie de phénomènes qu'elles appar- tiennent du reste. M. DE SAPORTA dit au surplus lui-même (l. c., p. 53): «Il convient «d'ajouter que ces traces (cicatrices) si répétées à la surface du thalle fossile, existent aussi, «bien que beaucoup plus rares et moins nettes, dispersées çà et là en dehors de ce thalle, «à la superficie de la plaque». Or, comment peuvent-elles alors constituer une preuve de la prétendue nature végétale des Cruziana, d'autant que les traces de vagues mentionnées (*«Panescorsea primordialis»*) proviennent précisément «des grès de Bagnoles et du même gisement que les Bilobites»? Ce qui n'empêche pas l'illustre phytologiste d'Aix de nommer cet argument «l'un des meilleurs à faire valoir en faveur de l'origine végétale des Bilo-«bites»! Même sur les propres planches de notre savant confrère (voir p. ex. *Organ. pro-blém.*, Pl. 11, ff. 1 et 2) on voit des cicatrices pareilles dans la roche en dehors des Cruziana.

Il ne pourra être décidé dans chaque cas spécial ce que ces prétendues cicatrices sont en réalité, vu qu'elles ont probablement une origine différente; mais l'examen de la couche sous-jacente, c.-à-d. de la couche à la surface de laquelle se produisent les traces, doit pouvoir le montrer. Dans quelques cas, ce sont sans doute des corps étrangers qui auront été entraînés par l'eau dans la trace, et qui se présentent comme des empreintes sur le moule, soit parce qu'ils auront été dissous plus tard, ou par la raison que ces corps étaient durs et engagés dans la vase. La fig. 3, Pl. 2, fait voir une trace avec empreintes en forme de cicatrices, produites par des grains de sable que j'ai jetés sur la trace. Comme ces grains ont été pris sans choix, et qu'une partie en étaient anguleux, les empreintes manquent naturellement de régularité; mais en les remplaçant par des objets ronds, les empreintes de l'espèce se modifieront évidemment en conséquence (Pl. 2, fig. 4, Pl. 3, fig. 9). Si une partie des empreintes mentionnées par M. de SAPORTA ont réellement une forme déterminée et qu'elles ne pénètrent pas la roche, il est à supposer qu'elles proviennent de corps organiques d'une espèce ou d'une autre, qui ont été amenés par l'eau dans les traces, ensevelis dans la roche et plus tard dissous. Une partie en sont, par contre, comme le pense M. LEBESCONTE, des pistes de vers (*Foralites Pomeli* Rou.), qui auront percé l'argile et le sable. C'est à ces objets qu'appartiennent p. ex. les n:os 3, 6 et 7, fig. 10, p. 76 des *Organismes problématiques* de M. DE SAPORTA, dans lesquels le savant botaniste voit des «corps appendiculaires attachés à la Bilobite et encore en place»[1]. Un regard jeté sur ma Pl. 2, ff. 4 et 5, suffira abondamment à le prouver. La trace dans la vase a été percée ici, et la fig. 5 montre à gauche le remplissage brisé du trou vertical. L'une des stries paraît se «détourner et se replier autour de ce trou». On voit à droite non-seulement le remplissage du trou, mais encore celui du sillon qui a continué de là comme une piste de ver dans la grande trace. Cette forme, dont la fig. 4 peut aussi servir d'illustration, offre une conformité parfaite avec les objets que M. DE SAPORTA qualifie de «corps appendiculaires attachés à la Bilobite». Même la tuberculosité appendiculaire attachée à l'extrémité supérieure de l'objet ne manque pas: c'est le reste brisé du moule appartenant au trou vertical. — Nous voyons en conséquence que «le dernier argument, et l'un des «meilleurs à faire valoir en faveur de l'origine végétale des Bilobites», se montre tout aussi peu solide que les précédents.

---

[1] Cette manière de voir est en réalité l'une des plus étranges au point de vue même où se place l'illustre savant. En effet, tandis qu'il admet, d'un côté, cette forte pression, qui aurait enfoncé les prétendus végétaux dans la vase, tandis que leur intérieur et leur côté supérieur auraient été totalement dissous, ces «corps appen-diculaires» si minces et si fins n'auraient de l'autre, selon lui, ni été dissous, ni même subi l'effet de la pression, et se présenteraient actuellement comme de véritables moules.

Je pourrais sans doute m'arrêter ici dans ma réfutation des objections de M. DE SAPORTA, puisqu'il les limite lui-même à ces 7 points comme les principaux. Mais il a mentionné dans sa description des espèces quelques autres circonstances que je crois devoir examiner aussi, par la raison qu'elles serviront ultérieurement à prouver la conformité existant entre les Cruziana et des traces véritables. Ainsi, M. DE SAPORTA dit par exemple dans ses *Organismes problématiques* (p. 83): «Mais les demi-cylindres de chaque accolade «ne sont pas toujours contigus, c'est-à-dire séparés uniquement par un sillon médian plus «ou moins profond: dans le *Bilobites pseudo-furcifera*, parfois ils s'écartent l'un de l'autre «comme s'ils étaient prêts à se désunir. Cet isolement est même devenu complet sur une «plaque de Bagnoles que j'ai sous les yeux, et les deux parties d'une seule et même ac-«colade se trouvent séparées par un espace intercalé de 1 et jusqu'à 2 centimètres.» L'ex-plication de ce fait, difficile du point de vue de notre confrère, est très simple dans la réalité. Il dépend de la double convexité du côté inférieur de l'animal: quand ce côté ne fait que toucher la surface ou n'est plongé qu'en partie dans la vase, il en résulte apparemment deux traces parallèles (voir la fig. 16 du texte, et la Pl. 3, ff. 1, 2, 8). Il va de soi qu'à ces occasions, la limite de la trace devient infiniment moins nette vers les côtés. Du reste, M. DE SAPORTA dit aussi d'une trace pareille (*Organ. problém.*, p. 85): «On voit par les figures 1 [1] et «2 de la planche 11, que les segments désunis et envasés du «*Bilobites monspeliensis* ne montrent ici nulle part leur ter-«minaison latérale. Ces segments, comme perdus au sein de la vase, ne présentent plus «inférieurement que des filaments épars et des costules à peine coordonnées.» Si l'on com-pare avec cette description mes figures 6, Pl. 2; 1, 2, 8, Pl. 3; 9 et 11, Pl. 4, l'analogie ne peut pas être plus complète.

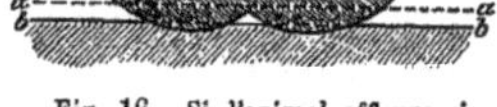

Fig. 16. Si l'animal effleure sim-plement la surface (*b*—*b*), il en résulte deux traces parallèles séparées. Quand il s'enfonce plus profondément, ces sil-lons se rapprochent davantage l'un de l'autre jusqu'à ce qu'ils finissent par confluer (*a*—*a*).

Il existe ensuite une circonstance signalée déjà par MM. ROUAULT et LEBESCONTE, mais que M. DE SAPORTA n'a pas réussi à expliquer: «C'est là ce bourrelet marginal, ac-«compagné, le long de l'intérieur, d'un léger sillon, que M. LEBESCONTE m'accuse d'avoir «méconnu et qui donne, selon lui, à certaines bilobites une apparence quadrilobée. Ce «bourrelet quelquefois très apparent, ne me semble pourtant provenir que d'une compres-«sion de la paroi latérale, soit que celle-ci n'ait pas acquis dans tous les cas l'épaisseur «qu'elle présente ordinairement, soit que l'action fossilisatrice ait contribué à lui imprimer «cet aspect. Il est évident que ce bourrelet, souvent invisible, se prononce parfois au «contraire dans une saillie surprenante, particulièrement lorsqu'une Bilobite, croisée par «une autre, est placée en recouvrement de celle-ci, comme le fait voir la figure 4, Pl. XII, «ainsi que celle qui tient lieu de frontispice à mon premier mémoire (*A propos des algues* «*fossiles;* frontispice). On dirait alors qu'un rebord aplati eût servi de marge à la Bilo-«bite» (*Organ. problém.*, p. 64).

L'explication donnée par M. DE SAPORTA ne me paraît pas heureuse; en outre, elle ne me semble guère concorder avec son système de fossilisation en demi-relief. De mon point de vue, le phénomène en question s'explique également de la façon la plus simple,

---

[1] Le texte dit 2 et 3, mais c'est probablement par suite d'une erreur typographique.

et il est à la même fois d'un très grand intérêt pour la connaissance de l'animal dont les Cruziana constituent les traces: il fait voir en effet que le côté supérieur de cet animal était couvert d'un bouclier ou d'une plaque (fig. 17, ci-jointe). Dans les conditions ordinaires, les bords de ce bouclier n'ont pas atteint la vase, ce qu'ils ont fait, par contre, quand l'animal s'y est enfoncé plus profondément; c'est à cette dernière circonstance qu'il faut attribuer les sillons que l'on rencontre «particulièrement lorsqu'une bilobite, croisée par une autre, est «placée en recouvrement de celle-ci», ou, en d'autres termes, quand les traces sont devenues plus profondes. Cette forme paraît être plus commune chez *Cruziana Goldfussi* que chez d'autres espèces. A en juger par la fig. 16, Pl. 22, du mémoire de M. LEBESCONTE, ce bouclier appartenait à la tête, vu que sur la figure en question les marques paraissent s'en poursuivre devant les traces des pattes. Les traces de *Limulus* montrent un sillon analogue de chaque côté de la trace due au bouclier, et mes expériences m'ont fait obtenir aussi une forme analogue chaque fois que les branches du rouleau ont pénétré assez profond pour produire une empreinte dans la vase. (Comparez Pl. 2, fig. 5, Pl. 3, fig. 9, à droite, et Pl. 4, ff. 7 et 10.)

Fig. 17. Coupe transversale schématisée du côté inférieur de l'animal qui a produit les Cruziana.

La présence de ce bord chez diverses Cruziana, principalement dans les conditions mentionnées ci-dessus, est un apport de plus en faveur de la manière de voir que ce sont des traces.

Enfin, M. DE SAPORTA dit que les Cruziana montrent parfois des fissures qui dénoteraient nécessairement une organisation véritable. Je me permets de renvoyer à cet égard à la Pl. 3, fig. 9, où l'on voit à droite une fissure apparente pareille. Elle se produit quand un autre objet, p. ex. un fragment d'algue, se trouve sur le chemin de la trace. Il ne peut pas se former d'empreinte sur cet objet, et quand l'algue se dissout ensuite, la «fissure» apparente est prête.

Je passe maintenant à l'examen des objections de M. LEBESCONTE [1].

Je m'achoppe malheureusement dès l'abord à la difficulté que, sous la dénomination de Cruziana, M. LEBESCONTE comprend aussi des formes dépourvues de toute structure superficielle. Il m'est impossible, par cette raison, de savoir les formes qu'il vise, lorsqu'il ne parle qu'en termes généraux des Cruziana, et que les illustrations manquent. Partout où ces dernières existent, la réponse aux objections n'entraîne aucune difficulté, sauf pour ce qui concerne les «anneaux» mentionnés par M. LEBESCONTE, à l'égard desquels je n'ai pas compris ce qu'il a voulu dire [2].

A l'opposé de M. DE SAPORTA, M. LEBESCONTE est d'avis que *«les Cruziana et les Rysophycus présentent la fossilisation en relief complet»*. Cette manière de voir, contraire à l'expérience de tous les autres auteurs, me paraît être due à ce que M. LEBESCONTE parle des Cruziana qui manquent de sculpture extérieure, et qui paraissent se présenter soit en demi-relief, soit comme des moules véritables. Elles n'ont par conséquent

---

[1] *Oeuvres posthumes de Marie Rouault,* publiées par les soins de P. LEBESCONTE. — Suivies de: *Les Cruziana et Rysophycus, connus sous le nom général de Bilobites, sont-ils des végétaux ou des traces d'animaux!* Par P. LEBESCONTE. Rennes-Paris, 1883.

[2] M. LEBESCONTE dit du reste lui-même de la circonstance visée: «ce que le dessin n'a pu rendre complètement» (l. c., pp. 64 et 65) *.

* Voyez l'Appendice à la fin du présent mémoire. *Note ajoutée le 20 Avril 1886.*

rien de commun avec les vraies Cruziana. Ces objets sont probablement le fait d'un animal
possédant les mêmes mœurs que *Corophium longicorne* FABR., lequel tantôt creuse des
tunnels dans le sable, tantôt des sillons à sa surface, tantôt aussi
(v. Pl. 1, fig. 1, du *Mémoire sur quelques traces d'animaux*, etc.)
produit une trace en relief sur le sable. Le remplissage des traces
d'un animal de l'espèce donnerait par conséquent naissance, soit à un
véritable moule ou à un «relief complet», soit aussi à un demi-relief
à la face inférieure des couches, et il pourrait en outre s'en former
également à la face supérieure d'une couche. Il n'existe, on le comprend,
rien qui soit de nature à empêcher qu'une trace en tunnel ne suive par-
fois la limite entre la couche de sable et celle d'argile, et il en résulte alors cette circonstance que l'«*on voit la moitié du fossile dans la roche et l'autre moitié dans l'argile*».

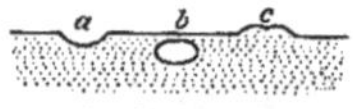

Fig 18. Coupe schématisée montrant les différents modes sous lesquels se peuvent présenter les traces de *Corophium longicorne*, savoir comme sillon (*a*), tunnel (*b*) ou relief (*c*).

«*J'ai des Cruziana dont le milieu plonge dans le grès*», dit M. LEBESCONTE. Il
s'agit de la forme unie mentionnée plus haut; mais, quoique la chose ne soit pas une
impossibilité en elle-même, la figure de M. LEBESCONTE (l. c., Pl. 21, fig. 2) ne me paraît
pas être probante, et semble plutôt montrer que l'animal a tantôt marché, tantôt nagé
(voir fig. 8, pag. 18 [1]). Je conclus à cette circonstance du fait que mes expériences sur
Harlania m'ont fourni des phénomènes correspondants. Les traces obtenues semblaient
parfois apparemment se prolonger si évidemment dans le gypse, que l'on retournait in-
consciemment la plaque pour voir si elles n'en sortaient pas (Pl. 1, fig. 11, et Pl. 4, fig. 4).
Ma Pl. 4, fig. 5, montre précisément une Harlania (la trace III) dont le milieu est apparremment "plongé dans la plaque".

«*J'ai aussi une roche sillonnée à différentes hauteurs par des bilobites.*» — A comparer
avec cette assertion la Pl. 4, fig. 1. «*J'ai des Cruziana sur roc, qui montrent leur em-
"preinte reproduite sur le lit de grès suivant.*» — Trace formée pendant le dépôt du sable.
«*Enfin, j'ai des plaques de grès qui ont des bilobites sur leurs deux faces.*» — A comparer
ce qu'il a été dit plus haut sur les traces de Corophium.

«*Si l'animal avait creusé une galerie dans le sable, la moitié de sa trace ne serait
"pas dans l'argile, et vice versa. S'il avait creusé sa galerie entre le grès et le sable* [2], *il y
"aurait un mélange des deux couches, et on aurait alors les plaques de grès recouvertes de
"bilobites, composées d'une substance différente de la roche. Le demi-relief serait alors en
"argile mêlée d'un peu de sable.*» Naturellement, l'animal a creusé sa galerie entre le
sable et l'argile, mais il est évident que la matière dont la cavité s'est ensuite remplie a
dû venir d'en haut, et qu'elle concorde par conséquent avec le grès, cela aussi bien que
s'il eût été question d'un remplissage de la cavité laissée par un végétal enfoui, puis
dissous.

«*Les Cruziana et Rysophycus sont constitués par des anneaux ou des stries qui
"s'imbriquent les uns sur les autres. Mes échantillons montrent des anneaux cassés laissant
"voir à leur place les stries de l'anneau suivant. Il y a donc une constitution intérieure. Du
"sable qui se moule dans la trace d'un animal sur la vase molle se change en grès qui*

---

[1] J'ai maintenant pu constater que cette dernière manière de voir est la juste. — *Note ajoutée le 20
Avril 1886.*

[2] C'est évidemment une faute d'impression. Le terme de *grès* doit sans nul doute être remplacé par *argile*.

«*reproduit exactement la forme de la trace; mais si on casse ce grès, on ne pourra voir*
«*à son intérieur aucune empreinte, pas plus que dans l'intérieur du plomb que l'on coulerait*
«*dans un moule.*» Il s'agit de savoir à cet égard quelles sont les Cruziana présentant
cette structure imbriquée. J'ai fait voir ci-haut (p. 22) qu'il peut se montrer une forme
pareille chez les traces de *Corophium* et *d'Idothea;* mais, en ce cas, les traces devront se
présenter en relief à la face supérieure de la couche. Quelques expériences que j'ai faites,
semblent cependant faire voir qu'il peut également se produire une structure imbriquée
apparente chez des exemplaires en demi-relief à la face inférieure. Si par exemple les
sillons obliques de la trace cannelée sont pour ainsi dire juxtaposés, le moule reproduira
parfaitement les mêmes imbrications (fig. 19). (A comparer les ff. 4 et 5,
Pl. 3, où l'on voit les moules d'imbrications pareilles, quoique très grossières.)

Fig. 19.

M. LEBESCONTE n'ayant pas donné de dessin net de l'exemplaire visé par
lui, je n'ose pas m'exprimer sur le mode de formation de la «constitution in-
«térieure». Je tiens pour décidé, dans tous les cas, que l'observation se rapporte à un exemplaire dont le relief est relativement grand [1].

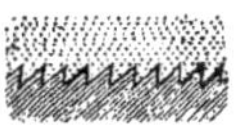

«*Les Cruziana et Rysophycus sont recouverts d'une fine couche argileuse beaucoup*
«*plus micacée que le reste de la roche.*» Ce n'est pas toujours le cas, mais il est évident
qu'une vase plus fine a de grandes chances d'être entraînée par l'eau dans les sillons formés
par les traces au fond de la mer, et de se maintenir dans ces ouvertures vides sans subir
de dérangement.

Relativement à ce que M. LEBESCONTE dit de l'«*anastomosement*» et des «*variations
de formes et de diamètre*», je renvoie à la réponse que j'ai donnée plus haut à M. DE
SAPORTA, ainsi qu'aux figures du présent mémoire. Je ne répondrai qu'à une question
encore, émise par M. LEBESCONTE, et que voici: «*Comment expliquer aussi que deux traces
«unilobées se réunissent intimement pour former une trace bilobée? Deux animaux séparés
«ne marchent pas ensuite si bien unis l'un près de l'autre, qu'ils ne forment qu'une seule
«trace.*» Il faut voir dans cette circonstance la suite nécessaire de la double convexité
de l'animal en dessous. (Cf. ci-haut, p. 27, et Pl. 3, ff. 1, 2, 8, Pl. 4, ff. 8—11.)

A l'égard des remarques de M. DELGADO [2], je pourrai être bref. Elles concernent
principalement une bifurcation apparente de quelques Cruzianas, ainsi que les formes diverses prises par ces objets, lorsqu'ils croisent une *Harlania* ou qu'ils se croisent mutuellement. Ayant déjà touché à ces circonstances dans mes réponses à M. DE SAPORTA, je
prends la liberté d'y renvoyer le lecteur, ainsi qu'aux planches accompagnant le présent
mémoire [3].

Je mentionnerai, en terminant, que, suivant ce que m'a communiqué M. ZEILLER,
on rencontre parfois des exemplaires de Cruziana ne se composant que d'un seul demi-cylindre.
Cela a lieu quand l'animal touche le fond dans une position légèrement oblique (voir la
fig. 12, pag. 23), de manière que l'un des côtés seulement soit à même d'y produire une

---

[1] Voyez l'Appendice (Annexe I) à la fin de l'ouvrage, où le mode de formation de cette structure est
expliqué. *Note ajoutée le 20 Avril 1886.*

[2] NERY DELGADO: *Note sur les échantillons de Bilobites envoyés à l'Exposition géographique de Toulouse.*
Bull. Soc. d'Hist. Nat. de Toulouse. T. 18, 1884.

[3] Pour la réponse aux remarques de M. DELGADO qui se trouvent dans son grand ouvrage sur les bilobites actuellement publié, voir l'Appendice (Annexe II) à la fin du mémoire. *Note ajoutée le 20 Avril 1886.*

empreinte. On verra à la fig. 2 de la Pl. 3 un exemple de la manière dont se forme une trace pareille.

Je crois maintenant avoir répondu à toutes les objections émises jusqu'ici contre la nature des Cruziana en tant que traces, et j'espère que tout observateur impartial aura trouvé ces réponses suffisantes.

On peut dire, comme résumé de la discussion, que si de mon point de vue toute la question devient très simple, — et c'est toujours le cas de la vérité, — elle est au contraire très compliquée, si l'on part de celui de mes adversaires. Nous avons vu que, tandis que l'on peut montrer diverses traces analogues, du moins à quelques égards, M. DE SAPORTA dit lui-même que les Cruziana ne ressemblent à aucune des plantes d'aujourd'hui. La présence presque exclusive des Cruziana en demi-relief à la face inférieure de la couche est un phénomène parfaitement naturel quand on les considère comme traces; mais il est impossible de le concilier avec l'hypothèse que ce sont des plantes. En effet, si de vraies plantes *peuvent* aussi se rencontrer de cette manière, ce sont là des exceptions rares, tandis qu'elles se présentent dans d'autres cas, soit sous la forme de véritables empreintes ou de moules, soit carbonisées, ce qui par contre n'est jamais le cas des Cruziana [1]. Quand, au contraire, des objets comme les Cruziana se rencontrent *dans la règle* à la face inférieure de la couche, il y faut voir une preuve contre leur nature végétale. Si les Cruziana se voient surtout dans l'alternance entre les couches de sable et celles d'argile, c'est par la raison que pendant une interruption dans le dépôt des sédiments, il a pu se produire une multitude de traces sur le fond de la mer. Les plantes, par contre, ont toute chance d'être conservées pendant un dépôt continu et rapide de sédiments. Or les formes sous lesquelles se présentent les Cruziana: tantôt comme de doubles sillons qui se bifurquent parfois apparemment, tantôt comme des «pas de boeuf», comme des empreintes presque transparentes, s'anastomosant en apparence, et se penétrant mutuellement ou s'infléchissant les unes sur les autres, toutes ces formes sont la conséquence nécessaire de leur nature de traces, tandis que de vraies plantes n'ont pas coutume de se présenter de cette façon. Tout est par conséquent excessivement simple et naturel si l'on se place à mon point de vue. Nous avons vu, au contraire, que la fossilisation en demi-relief, telle que la comprend M. DE SAPORTA, n'existe pas dans la réalité, et qu'elle est en contradiction avec les lois de la physique. Entendons encore une fois comment l'illustre naturaliste d'Aix se repré- sente toutes ces circonstances: «Ce n'est pas la présence d'un lit d'argile inférieur, puisque «ce lit est souvent un grès et que l'argile est le plus souvent à l'état d'enduit; ce n'est pas «même la situation des fossiles sur un plan déterminé, ni telle ou telle particularité de «sédimentation qui aura décidé de la fossilisation en demi-relief des Bilobites, mais bien tout «un ensemble de combinaisons et de phénomènes tenant à la fois de la nature des végétaux, «de leur mode de croissance, de leur disposition naturellement rampante sur le fond sous- «marin, de leur déliquescence à un moment donné, enfin de la finesse et de la plasticité «du sédiment déposé, jointes à l'action chimique consolidant l'assise à un moment donné. «C'est par là que se sont fixés les effets réunis que la pression, la dissolution graduelle, «le remplissage des cavités, l'application contre le moule inférieur du sédiment introduit et

---

[1] Les moules qui peuvent se présenter peut-être de temps à autre, proviennent, comme nous le savons, de la circonstance que l'animal s'est creusé une galerie ou tunnel dans la vase.

«la fidélité de ce moule ont pu réaliser en se combinant. Les fossiles que nous avons sous
«les yeux sont évidemment la résultante, et une résultante variable dans de certaines li-
«mites, de toutes ces forces, de toutes ces actions mises en jeu, et dont les assises du grès
«armoricien sont autrefois sorties.» (*Organismes problématiques*, p. 62.)

Il saute immédiatement aux yeux que l'application appelée à »mettre en jeu» un
ensemble si complexe de «combinaisons et de phénomènes» ne peut pas être correcte. Si
l'on avait trouvé des Cruziana sur un seul et unique point, il aurait peut-être été possible
de se figurer le concours d'une telle quantité de circonstances favorables à leur conservation.
Or on rencontre les Cruziana sur une multitude de points et à des niveaux différents, tant
en Europe qu'en Amérique, et en présence de ce fait, l'on comprendra déjà *a priori* que
l'explication du savant français ne doit pas être la juste.

Concernant l'animal qui a produit les Cruziana, on a obtenu au moins une certaine
idée de sa forme. Il est donné d'avance qu'une section transversale du côté de dessous
de l'animal doit avoir eu l'aspect reproduit par la figure 9 (pag. 19). On peut savoir en
outre que les pattes de l'animal ont dû être fixées très près de la ligne médiane du corps.
Nous avons vu ensuite que quelques espèces doivent avoir eu le dessus du corps recouvert
d'une carapace en bouclier (fig. 17, page 28), quoique, pour le moment, il soit impossible de
constater plus que le fait même. Si, comme je l'espère, mes opinions parviennent à gagner
du terrain, il peut se faire cependant que de nouvelles recherches sur les Cruziana dans
le même sens que les miennes, soient plus fécondes en résultats que celles dont le but
unique a été de prouver que les Cruziana sont des algues.

J'énonçais dans mon précédent mémoire la possibilité que les Cruziana fussent des
traces de trilobites, leur développement dans le temps paraissant coïncider à peu près avec
celui de ces crustacés. Cela me paraît actuellement moins probable. Les nombreuses
sections transversales que WALLCOTT a réussi à obtenir de ces animaux [1] n'offrent pas des
formes que l'on puisse supposer avoir donné naissance aux Cruziana. De plus, ces dernières apparaissent en Suède longtemps avant les plus anciens trilobites, à un niveau
infiniment plus profond qu'Olenellus, et il n'existe aucune raison pour que les trilobites,
s'ils avaient existé, n'eussent pu être conservés dans ces assises tout aussi bien que dans
les grès d'Öland et d'autres localités. Peut-être l'animal a-t-il été proche parent de *Limulus*
ou *d'Eurypterus*, si même l'on ne peut dire à cet égard plus que je ne disais déjà dans
mon précédent mémoire: »Quoi qu'il en soit, la Cruziana est la trace d'un type de Crustacé
«existant depuis la période cambrienne jusqu'à celle des houilles, qui avait l'habitude
«de se creuser des trous dans le sable ou la vase au fond de la mer, surtout près du rivage».

Harlania GÖPPERT.
(*Arthrophycus* HALL).

Je signalais déjà, dans mon précédent mémoire, que *Harlania* ne peut pas être une
plante. Elle manque d'analogie parmi les algues actuelles, et elle se présente dans la

---

[1] Voir p. ex. WALLCOTT: *The trilobite: new and old evidence relating to its organisation.* Bull. Museum
Comp. Zoology Harvard College, Vol. 8, n:o 10, 1881, et *Appendages of the trilobite.* Science, Vol. 3, n:o 57,
March 1884.

règle en demi-relief sur la face inférieure de la couche, ou parfois, peut-être, sous la forme de cylindres fermés. Il a été découvert aussi des traces offrant un aspect analogue. (*Mém. sur quelques traces etc.*: p. 86, Pl. 11, ff. 1 et 3; p. 75, fig. 18 a; p. 77, fig. 26.) Il n'existe donc aucune raison de reconnaître autre chose qu'une piste dans *Harlania*, et cette manière de voir fournit au surplus une explication simple et naturelle à tous égards. M. DE SAPORTA n'en persiste pas moins dans son opinion que Harlania est une »algue», ou du moins »un «corps marin, auquel on·peut, à la rigueur, dénier l'organisation végétale, mais qui, à coup «sûr, n'a rien de commun avec des trous ou traces» (*Algues fossiles*, p. 49). Les seules circonstances que M. DE SAPORTA puisse citer à l'appui de sa manière de voir, ce sont que Harlania semble de temps à autre être bifurquée, et que sa «terminaison apicale est parfois «nettement visible» (*Organ. problém.*, p. 3). Il reproduit en outre une donnée de M. LESQUEREUX que: «les branches de la plante s'atténuent de moitié en se ramifiant.... «Lorsque les branches se croisent, ce qui s'observe constamment, la branche supérieure ne «traverse pas l'inférieure, mais elle passe par dessus celle-ci, en présentant une courbure «caractéristique.» (*Algues fossiles*, p. 51.) Dans d'autres cas, les branches paraissent cependant brusquement tronquées, comme on le voit entr'autres à la fig. 4, Pl. 8, des *Algues fossiles*, et comme je l'ai constaté moi-même sur d'autres exemplaires.

Quant à la bifurcation, elle n'est évidemment qu'apparente, et provient de ce que, sur un certain parcours, plusieurs traces se sont réunies ou ont marché parallèlement; cette circonstance est appuyée par le fait que les «branches» se bifurquent à un angle très aigu. C'est ce qui donne l'impression qu'elles sont plus étroites que le tronc commun. La bifurcation se produit en outre, comme nous le savons, chez de vraies traces, ce que M. ZEILLER a aussi pu constater chez les traces remarquables de *Gryllotalpa*. Si l'un des exemplaires s'infléchit apparemment sur l'autre, c'est un phénomène parfaitement naturel chez les traces, et que nous avons signalé déjà à l'occasion des Cruziana (pp. 23 et 24). Enfin, pour ce qui regarde la «terminaison apicale», elle se forme quand l'animal a quitté la vase et qu'il a commencé à nager, ou *vice-versa*. Il y a lieu de signaler en outre que l'atténuation peut aussi être due à ce qu'après avoir produit un sillon assez profond dans la vase, l'animal s'élève de manière que la profondeur du sillon diminue (fig. 20, ci-jointe). Elle peut dépendre aussi de la variation dans la consistance de la vase, ce dont la Pl. 11, fig. 3, du *Mémoire de quelques traces etc.* fournit entr'autres un exemple. Mieux que toutes les paroles, les figures de la Pl. 4 sont propres à illustrer les circonstances qui viennent d'être décrites. Elles ont été produites par le rouleau dessiné à la fig. 21 page 34. On y voit une bifurcation apparente (Pl. 4, fig. 6), la terminaison apicale (Pl. 4, ff. 4 et 5), l'amincissement des exemplaires vers la pointe (Pl. 4, ff. 4 et 5), leur inflexion apparente l'un sur l'autre (Pl. 4, ff. 4—8), et leur plongement apparent dans la plaque (Pl. 4, fig. 4, Pl. 1, fig. 11). La Pl. 4, fig. 2, est le moule de 20 traces différentes qui se croisent, et quoique naturellement plusieurs d'entre elles soient effacées, les dernières sont néanmoins parfaitement distinctes. La Pl. 4, fig. 1, montre un fragment avec traces à divers niveaux, obtenues de la sorte, que le fond préalablement sillonné fut ensuite recouvert en partie d'une couche d'argile. Celle-ci fut sillonnée à son tour, puis recouverte d'une nouvelle couche également sillonnée ensuite,

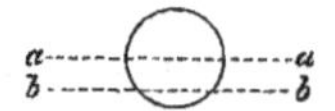

Fig. 20. Coupe transversale d'un animal cylindrique formant des sillons dans la vase. Si l'animal s'enfonce aussi profondément que le montre *a—a*, sa trace devient plus large que s'il ne s'enfonce que comme le présente *b—b*.

après quoi il fut pris un moulage en gypse de l'ensemble. Tous commentaires à ces figures sont superflus. Elles font suffisamment ressortir le fait que les circonstances alléguées par M. DE SAPORTA en faveur de l'origine végétale des Harlania, prouvent en réalité qu'elles ne sont que des traces.

Pour ce qui concerne l'animal auquel on doit Harlania, il est difficile de rien dire de positif, vu que l'on a à choisir entre les traces d'un ver (circonstance que semble toutefois infirmer le sillon médian), d'un gastéropode (à comparer les pistes de *Purpura lapillus* observées par R. GRAY, et reproduites dans les *Mémoires sur quelques traces etc.*, p. 75, fig. 18 A), ou peut-être même d'un crustacé.

En connexion avec Harlania, M. DE SAPORTA décrit aussi (*Algues fossiles*, pp. 52—53, Pl. 8, fig. 5) un objet qu'il identifie avec *Gyrophyllites multiradiatus* HR. Il ne donne toutefois pas la moindre preuve de son origine végétale, et l'on peut dire, sans autre discussion, que l'objet est ou l'une de ces traces dues à des astéroïdes couchées sur le fond et agitant leurs bras de tous côtés, ou aussi peut-être, et de préférence, aux tentacules d'une térébellide. On pourrait aussi, il est vrai, supposer que la trace provient d'un ver qui y avait son trou, et que les empreintes sont dues au corps de l'animal quand il sortait de sa retraite, à l'instar de la trace imitée, reproduite à ma Pl. 4, fig. 3. Mais en ce dernier cas, toutes les empreintes n'auraient guère pu avoir à peu près la même longueur.

Fig. 21. ²/₃ de la grandeur naturelle.

Les Chondritées.

Les objections que j'ai émises contre la classification sans autre forme de procès de toutes les Chondritées parmi les algues, ont été très mal rendues dans le mémoire de M. DE SAPORTA: *A propos des algues fossiles*, et je crois devoir par cette raison en donner de nouveau le résumé.

1. L'opinion qui a prévalu jusqu'ici, que la ramification d'un objet de l'espèce serait en elle-même une preuve de sa nature végétale, cette opinion est fausse. Il y a des vers, tels que *Goniada maculata* ÖRST., qui, je le démontrais déjà dans mon précédent mémoire tant par la description que par le dessin, produisent des traces *toujours* ramifiées, offrant, grâce à cette circonstance, un aspect se rapprochant beaucoup de celui des algues. Ces vers vivent en nombre dans les fonds argileux, et l'on peut savoir *a priori* qu'un fond de l'espèce doit être rempli de traces analogues. Or cela doit par conséquent être aussi le cas des roches devant leur origine à une vase pareille.

2. La plupart des Chondritées, principalement celles que l'on rencontre dans le Flysch, se trouvent également dans les schistes et les calcaires qui se composaient originairement d'une boue fine. Traversant la roche dans tous les sens, elles s'y présentent dans des conditions telles, qu'avec l'hypothèse de leur nature végétale, il est impossible d'expliquer ce fait d'une autre manière que par celle qu'elles auraient vécu sur place tandis qu'une sédimentation rapide s'opérait. C'est ce qu'admet aussi M. DE SAPORTA (*Algues fossiles*, pp. 22 et 30).

3. Or, les algues actuelles *n'habitent pas* les eaux troubles, et tout aussi peu les fonds sous-marins composés d'une vase fine. Cette circonstance, qui a été traitée en détail

dans mon ouvrage cité (pp. 92—93), et qui se fonde sur les recherches de l'un des algologistes les plus habiles de l'époque moderne, M. le professeur F. KJELLMAN,[1] n'est pas
mentionnée d'un seul mot par notre confrère d'Aix, bien qu'elle constitue le plus rude
accroc à l'opinion de la nature végétale des Chondritées.

4. Les Chondritées ne sont pas carbonisées; elles ne montrent en outre aucune
trace de substance végétale, et cela pas même dans les cas où on les rencontre dans des
roches ayant coutume de contenir de véritables fossiles végétaux carbonisés. Il semblerait
pourtant que l'on dût tomber parfois, parmi cette masse de Chondritées, sur des exemplaires
indiscutablement transformés en charbon, ou qui du moins conservassent encore quelques
restes de la substance organique.[2]

Il y a donc bien des circonstances qui ne peuvent se concilier avec la thèse que les
Chondritées sont de véritables végétaux. Je renvoie au surplus à ce que j'ai déjà dit à cet
égard dans mon précédent travail (pp. 91—96), dont je me permets de citer en outre les
lignes suivantes:

«Ce qui précède suffit à montrer comment la végétation actuelle des algues dépend
«de la nature du fond, et l'on est en droit de s'attendre aussi à l'existence des mêmes
«conditions pour les anciennes périodes géologiques. Or, on voit les objets rangés parmi
«les algues, comme *Oldhamia*, *Spirophyton cauda galli*, *Taonurus liasinus*, *Phymatoderma*
«*liasinum*, *Chondrites bollensis* et toutes les «algues» du Flysch, apparaître en grandes
«masses, — remplissant des roches entières, — et dans des circonstances telles, que s'ils
«avaient été des végétaux, ils auraient dû aussi, une génération après l'autre, vivre et
«mourir à l'endroit où on les rencontre encore aujourd'hui, non-seulement dans le sable
«fin, mais dans le sédiment d'argile le plus fin; ce mode d'apparition est bien propre à
«éveiller des doutes sur le point de savoir si ces objets, malgré leur grande ressemblance
«avec des algues ..... proviennent réellement d'algues.»

«Si on se les représentait comme traces de vers, ces circonstances s'expliqueraient
«tout naturellement. Le fond de la mer a été le théâtre d'une vie animale abondante, et la
«ramification des algues supposées à travers la roche, dépend de ce que les vers ont fouillé
«la vase dans plusieurs sens et non-seulement à la surface.»

Concernant les soi-disantes algues du Flysch, je me permets de citer encore une
fois, mais en traduction, ce qu'a bien voulu me communiquer à leur sujet l'un des principaux connaisseurs des dépôts précités, M. le professeur TH. FUCHS, de Vienne, et qui
a déjà été reproduit en original aux pp. 94—96 de mon précédent ouvrage. Dans une
lettre datée de Vienne, le 10 novembre 1881, le savant géologue m'écrivait: ... «Depuis
«que je m'occupe de géologie, les particularités des dépôts du Flysch ont été celles
«qui m'ont surtout donné à réfléchir, et sans cesse et toujours je me posais la question
«de savoir si les soi-disants «fucoïdes» étaient réellement des fucoïdes, et si peut-

---

[1] Je citerai de nouveau ici quelques-unes de ses allégations: «On sait aussi depuis longtemps que, même
«dans des régions plus méridionales, une végétation d'algues fait presque complètement défaut dans les parties de
«la mer où le fond est formé de lits de sable, d'argile ou de vase.» — «Dans de pareilles localités, toutes
«les mers sont dépourvues d'algues.»

[2] C'est ce fait que j'ai visé dans plusieurs passages de mon précédent mémoire, lorsque je signalais *l'absence
constante* d'exemplaires carbonisés comme infirmant la nature végétale des Chondritées et des autres objets discutés.
M. DE SAPORTA a donné un exposé erroné de mes assertions, en prétendant que j'aurais exigé *pour chaque cas
spécial* la présence de la substance charbonneuse.

«être il n'y fallait pas voir toute autre chose? Les algues ne croissent à tout prendre que
«sur les fonds rocheux et seulement à une faible profondeur. Or, le Flysch est au contraire
«essentiellement une formation de vase et d'eau profonde; d'où peuvent donc y provenir
«les «fucoïdes»? On pourrait, il est vrai, supposer que les algues arrachées au rivage ont
«été entraînées au large, où elles auront été précipitées au fond. Mais même en ce cas, les
«fucoïdes ne s'y présenteraient qu'à titre accidentel, et non pas comme un constituant
«typique, caractéristique, lié en outre exclusivement à certaines roches nettement dé-
«terminées. Il y avait au surplus cette circonstance remarquable, que les mêmes «fucoïdes»
«se présentaient identiquement dans le Flysch éocène aussi bien que dans le crétacé, tandis
«que les algues du schiste à poissons de Bolca (des algues véritables, celles-ci!) présentaient
«une apparence toute autre que les «fucoïdes» du Flysch avec lesquels ces algues n'offraient
«pas la moindre ressemblance. A cela s'ajoutait cependant encore à mes yeux une autre
«circonstance. Les algues des schistes éocènes de Bolca, des marnes miocènes de Radoboj,
«etc., ont parfaitement l'aspect d'autres végétaux fossiles, c.-à-d. que ce sont des em-
«preintes aplaties, fréquemment recouvertes encore d'un enduit de charbon. Il en est
«au contraire tout autrement des «fucoïdes» du Flysch. Ceux-ci, dans la grande généralité
«des cas, ne s'étalent pas aux surfaces des couches, mais pénètrent dans la roche; ils ne
«sont ni aplatis ni amincis par la pression, mais comme *corporellement* conservés, ils
«n'offrent jamais de *traces de charbon*, mais se composent toujours d'une vase allant du
«vert clair ou du vert foncé presque jusqu'au noir. J'ai certainement vu une foule de
««fucoïdes» du Flysch, mais je dois dire que je n'en ai jamais vu un seul de carbonisé;
«bien plus, comme je l'ai dit, ils se composent toujours de vase, qu'il est, dans la plupart
«des cas, facile de détacher sous la forme de bâtonnets de la roche encaissante, de façon à
«laisser à quelques égards un système de petites ramifications tubulaires légèrement com-
«primées. La vase qui constitue les «fucoïdes» est identique avec celle qui, sous la forme de
«schiste argileux tendre, est engagée entre les assises solides du Flysch.[1] La chose ne
«me parut pas pouvoir s'expliquer d'une autre manière, sinon que les algues avaient été
«totalement dissoutes, et que les cavités laissées par elles s'étaient ensuite remplies de marne.
«Mais pourquoi ce processus excessivement improbable constituait-il la règle? On trouve
«sans doute aussi des «fucoïdes» aplatis sur les surfaces de séparation des schistes; mais ceux-ci
«*sont tout aussi peu* carbonisés, et ils offrent l'aspect d'un dessin graisseux. Cette question
«se complique encore davantage, du moment où l'on sait que les débris de charbon ne
«manquent en aucune façon dans le Flysch. Bien des grès et des marnes sableuses sont
«remplis de petites particules de cette substance; on pourrait même considérer ces particules
«comme précisément caractéristiques pour certains Flyschs, mais elles ne proviennent pas des
««fucoïdes». On observe très fréquemment sur les larges espèces de «fucoïdes» une certaine
«articulation,[2] de sorte que je crus d'abord à fois réitérées avoir trouvé un ver ou une

---

[1] M. le professeur FUCHS a eu la bienveillance de m'envoyer des échantillons de ce schiste marneux, et
j'ai été, par conséquent, à même de constater *de visu* qu'il est identiquement formé de la même substance que celle
dont se composent les «fucoïdes» du Flysch.

[2] On rencontre parfois une structure analogue chez des traces de vers lisses dans la règle. M. DE SAPORTA
en cite aussi une semblable chez plusieurs des soi-disantes Chondritées des dépôts jurassiques de la France, quoiqu'il
les considère comme «dénotant peut-être des sporothèques». Ces «gonflements» fournissent en réalité un preuve
de plus que les objets visés sont des pistes de vers, en dépit de l'assertion du savant français, que leur présence
«s'accorde peu en tous cas avec les hypothèses de M. NATHORST».

«larve d'insecte, jusqu'à ce que je me convainquais que ce n'était que la branche d'un
«soi-disant «fucoïde». Je dus à tout prendre fréquemment m'avouer qu'il m'était impossible
«de distinguer des traces de vers des «fucoïdes». Tout ceci s'explique maintenant d'une façon
«très simple et parfaitement naturelle, du moment où l'on sait que les prétendus «fucoïdes»
«sont des galeries ramifiées de vers. Pour ce qui me concerne, je considère la question
«comme définitivement résolue.»

Cette appréciation de l'un des connaisseurs les plus compétents des Flyschs, qui,
pendant de nombreuses années, les a étudiés en détail dans la nature, constitue une preuve
si décisive que les prétendus «fucoïdes» du Flysch sont en réalité des traces de vers, qu'il
doit être impossible de la réfuter. Que répond à cela M. DE SAPORTA? Rien! A cette
objection, tout aussi peu qu'à la circonstance que les algues actuelles *ne peuvent pas* vivre
dans des localités analogues à celles où les Chondritées ont pris naissance, l'illustre savant
français n'a pas un mot de réponse, et il est aussi parfaitement clair qu'il n'y a qu'une
réponse à faire, savoir de reconnaître que l'opinion émise par M. FUCHS est la juste.
Au lieu de cela, M. DE SAPORTA s'occupe à décrire quelques Chondritées dont, à son dire,
la ramification est trop régulière pour qu'elles puissent être des traces de vers. Mais si
ces objets se présentent d'une façon prouvant *qu'ils ne peuvent pas être des plantes*, la ramification la plus régulière ne servira pas à grand'chose. Elle nous apprendra tout au plus
que les traces de vers ramifiées observées par moi peuvent être surpassées par d'autres
traces en fait de régularité. Je renvoie du reste le lecteur à la Pl. 9, fig. 1, de mon
précédent mémoire, où l'on voit la trace de ver ramifiée envoyer, au centre de la figure,
des branches alternant des deux côtés.[1]

Les objections du savant botaniste d'Aix, si elles peuvent même porter ce nom, sont par
conséquent dénuées de toute importance; et bien loin d'avoir été convaincu par elles du
manque de fondement des opinions que j'ai précédemment exprimées, je vois au contraire
dans la faiblesse de ses arguments une preuve de plus que je suis dans le vrai.

Les Chondritées offrant néanmoins une très grande ressemblance avec les algues, il
est bien possible que parmi les objets décrits comme Chondritées, il se trouve aussi quelques
algues véritables, quoique l'on ne doive probablement pas s'attendre à en rencontrer dans
les lits qui contiennent les premières. Il n'est même pas impossible que *Palaeochondrites
oldhamiaeformis* SAP. et *P. dictyophyton* SAP., décrits par M. DE SAPORTA (*Algues fossiles*,
p. 35, Pl. 5, fig. 2—5) des couches siluriennes supérieures de Glanzy près de Vailhan,
ne soient de véritables algues. Mais, combien ne diffèrent-elles pas des Chondritées! On les
rencontre sous la forme de petits fragments dont la substance végétale est encore conservée.

---

[1] Comme exemple fort remarquable de la manière dont des structures algoïdes et très régulièrement
ramifiées peuvent se produire même par un procédé tout à fait mécanique, je prie le lecteur de bien vouloir
consulter les ff. 7 et 8 de la Pl. 1, qui, à des occasions différentes, ont été produites parfaitement de la même
façon. La main a été pressée contre de l'argile tendre et imbibée d'eau; quand on l'en a détachée, l'air
s'est précipité entre l'argile et la main, et a donné naissance à cette ramification si étonnamment régulière.
A *chaque* occasion pareille il s'est formé une figure à peu près la même, et ce phénomène est analogue à la
sculpture algoïde de la Pl. 1, fig. 9. Si l'un de ces objets avait été reproduit avec exclusion de la matrice
(comme M. DE SAPORTA juge à propos de le faire), chacun aurait pu croire qu'il s'agissait d'une véritable algue.

Les Phymatoderma.

Ces objets se présentent de la même façon que les Chondritées, et l'on comprendra par conséquent *a priori* qu'ils ne peuvent pas être de véritables algues. J'ai déjà signalé dans mon précédent travail que non-seulement ils se rencontrent entre les couches, mais encore, qu'à l'instar des Chondritées ils les pénètrent dans tous les sens. Je supposais alors que l'on comprendrait d'emblée que je visais par mon exposé la même circonstance que celle indiquée ci-dessus par rapport aux Chondritées, savoir que pour que Phymatoderma pût être considéré comme algue, on était forcé d'admettre aussi qu'il avait vécu en grandes masses à l'endroit où on le rencontre. Or cela signifiait, en d'autres termes, qu'il aurait vécu dans des conditions auxquelles aucune algue actuellement vivante ne peut exister. Comme je ne l'exprimai cependant pas spécialement, vu que la question devait être traitée plus en détail sous les Chondritées, M. DE SAPORTA y a trouvé une occasion bienvenue de chercher à représenter ma méthode explorative sous un jour qui n'est pas des plus beaux: «Les raisons qu'il (M. NATHORST) invoque à l'appui de cette assertion don-«nent une idée trop juste de sa méthode pour que je m'abstienne de les énumérer .... «Ainsi de simples accidents de fossilisation se trouvent allégués comme autant de preuves «décisives du système. M. NATHORST ne s'arrête qu'aux apparences, et il affirme ce qu'il «avance sans rechercher si la nature et la consistance plus ou moins solide des anciens «organes, combinées avec le mode de fossilisation du dépôt, ne fourniraient pas une ex-«plication plus naturelle encore que la sienne» (*Algues fossiles*, p. 37). Cette allégation de M. DE SAPORTA est curieuse, pour ne pas dire davantage, du moment où nous avons vu plus haut qu'il n'a pas essayé de répondre un seul mot aux remarques qui ont été faites concernant la différence entre le mode d'existence des Chondritées et celui de toutes les algues modernes. Mais au lieu de perdre notre temps à nous ébahir d'effusions de l'espèce, nous allons passer à la chose même.

Les conditions dans lesquelles on rencontre les Phymatoderma prouvent, comme nous l'avons déjà dit, que ces objets ne peuvent pas être des algues, et il était par conséquent d'une importance subordonnée d'examiner s'il était possible de montrer ou non des traces analogues; le fait principal restait le même dans tous les cas. Je disais néanmoins ce qui suit dans mon précédent mémoire (p. 84): «L'été dernier, pendant l'impression du texte suédois de cet «ouvrage, j'ai observé de plus une trace dont la structure concordait parfaitement avec «celle du *Phymatoderma*. Elle fut rencontrée sur un chemin argileux près d'Ystad, pendant «une excursion avec les professeurs LUNDGREN et DAMES. Je ne sais quel animal lui avait «donné naissance; mais il avait rampé sous la surface de la vase, qui était relevée en une «foule de petits mamelons correspondant pleinement aux «papillenartige Auswüchse» (ex-«croissances en papilles) des Phymatoderma.»

La supposition que j'exprimais déjà par rapport au mode d'apparition de ces objets, savoir qu'il devait se trouver quelque part une espèce de trace montrant une structure concordante avec celle des Phymatoderma, cette supposition venait donc de trouver assez promptement sa consécration, et elle a reçu dans ces derniers temps un nouvel appui de l'intéressant exposé que M. ZEILLER a donné des traces de la taupe-grillon (*Gryllotalpa vulgaris*). En renvoyant les personnes qui voudraient en apprendre davantage au mémoire même du savant botaniste, [1] je me contente d'ajouter ici que les traces décrites par lui offrent une sculpture concordant avec celles que j'ai observées, quoique les premières soient sensiblement plus grandes: «Elles étaient produites par un animal qui avait creusé des galeries de 0^m 015 de dia- «mètre, à une profondeur de 0^m 005 au-dessous de la surface et parallèlement à elle, et «qui avait relevé l'argile sous forme de demi-cylindres surbaissés, munis sur toute leur «longueur de mamelons saillants affectant parfois une disposition spiralée assez régulière; «dans d'autres cas, les mamelons s'étaient groupés en deux séries longitudinales parallèles, «séparées par un sillon médian. Ce qui donnait le plus nettement à ces traces l'aspect «d'empreintes végétales, c'était leur ramification assez fréquente, une série de galeries se «détachant à angles aigus, tantôt à droite, tantôt à gauche, de celle qui semblait former «l'axe du système, et ces rameaux courant à peu près parallèlement les uns aux autres, «se rapprochant parfois, mais sans s'anastomoser jamais.»

Afin que le lecteur soit à même de juger par lui-même de l'analogie de ces traces avec celles de Phymatoderma, j'ai donné, Pl. 1, fig. 6, une photographie en demi-grandeur naturelle des traces de la taupe-grillon (d'après l'ouvrage cité de M. ZEILLER), et à côté (Pl. 1, fig. 5, 5 a) une copie des ff. 7 a, 7 b, Pl. 6, de M. DE SAPORTA dans les *Algues fossiles*, reproduisant une image grossie de *Phymatoderma cœlatum* SAP. La trace observée par moi ne pouvait pas provenir de la taupe-grillon, ce qui prouve, par conséquent, que des traces pareilles peuvent être dues à diverses espèces d'animaux. On ignore pour le moment quel est l'animal qui a produit Phymatoderma.

L'Eophyton.

Les objets que nous avons examinés jusqu'ici, et que M. DE SAPORTA a décrits comme algues, ne sont en réalité, nous l'avons vu, que des traces de diverses espèces d'animaux. Avec Eophyton nous entrons dans un tout autre domaine. Certains de ces objets peuvent provenir d'animaux, tandis que d'autres tireront tout aussi bien leur origine de plantes charriées par l'eau, de pierres entraînées avec ces plantes, ou d'autres objets inanimés d'une espèce quelconque. Eophyton fournit par conséquent une excellente transition aux phénomènes mécaniques purs que M. DE SAPORTA persiste à vouloir décrire comme algues, et que nous étudierons plus loin en détail.

Il pourrait paraître à tout prendre superflu d'examiner ici Eophyton, dont la nature inorganique est depuis longtemps prouvée. Mais notre illustre confrère d'Aix continuant, en dépit de toutes les preuves contraires, à le considérer comme étant peut-être une plante, et énonçant en outre diverses données inexactes à son égard, je me vois forcé malgré moi, et au risque de fatiguer mes lecteurs par la répétition d'arguments rabâchés, d'y consacrer encore quelques mots, pour la dernière fois, je l'espère.

Il conviendra de donner d'abord un résumé de ce que l'on sait réellement par rapport à l'Eophyton. On le rencontre exclusivement en demi-relief à la face inférieure des

---

[1] Bull. de la Soc. géol. de France, 3me série, T. 12, p. 676. R. ZEILLER; *Sur quelques traces d'Insectes simulant des empreintes végétales.*

couches. (L'assertion de M. DE SAPORTA (*Algues fossiles*, p. 64) qu'il forme de véritables cylindres est erronée.) Des plusieurs centaines d'exemplaires qui ont été examinés, pas un n'a montré de terminaison positive; il est dépourvu de charbon et de toute trace de substance organique, ne diffère pas même de la roche environnante par la couleur ou par une substance minérale particulière; quand deux exemplaires se croisent, l'un est comme coupé au point de contact; des moules véritables, aussi bien, du reste, que le moindre indice d'objets semblables à l'intérieur de la roche environnante font complétement défaut; l'Eophyton affecte les mêmes formes, depuis le système cambrien jusqu'au triasique, et ces formes se retrouvent sur les rivages des mers actuelles, où, comme je le signalais il y a longtemps déjà, il est facile de rencontrer des analogies parfaites avec *chacune* d'elles. J'ai reproduit dans mon dernier mémoire des traces de plantes obtenues par la voie expérimentale, à l'égard desquelles M. DE SAPORTA reconnait lui-même que la ressemblance avec l'Eophyton est "parfaite", et que les figures données par moi "reproduisent d'une manière frappante l'apparence de l'Eophyton» (*Algues fossiles*, p. 64). Mais M. DE SAPORTA et quelques autres auteurs qui se sont occupés de l'Eophyton, ont parlé de traces d'algues charriées par l'eau, comme si c'était quelque chose de tellement accidentel, qu'il est à peine nécessaire de le prendre en considération. Il est probable que ces messieurs n'auront pas lu mon premier mémoire [1], car ils y auraient pu voir que ces traces sont un phénomène excessivement commun dans les hauts-fonds. Le rivage où j'étudiai lesdites traces pour la première fois est si peu profond, que l'eau ne mesure environ 1 mètre qu'à la distance de 200 à 300 mètres de la terre. Les vagues y charrient les algues dans toutes les directions, et quand l'eau baisse, on rencontre des multitudes innombrables de traces de ces végétaux. Une partie de ces traces sont produites par de fines floridées, une autre partie par des Fucus, d'autres mêmes par les pierres auxquelles les algues étaient fixées, mais qui ont maintenant été entrainées par elles. Ce phénomène n'est donc pas une exception, et on doit le retrouver sur toutes les plages peu profondes. Il va de soi que ces traces ne se sont pas formées en une seule fois, comme le prétend M. DE SAPORTA, mais que dans les hauts-fonds la direction du courant se modifie fréquemment, vu qu'il dépend en grande partie du vent, ce qui donne entr'autres choses naissance aux traces croisées. M. DE SAPORTA énonce qu'il serait extraordinaire que le "grès cambrien eût eu le monopole de semblables effets. — Il y a eu de tout «temps, en effet, des paquets d'algues trainés au fond de la mer; pourquoi ces sortes de «traces se trouveraient-elles confinées, pour ainsi dire, dans une formation d'un âge aussi «reculé?» (*Algues fossiles*, p. 64.) Il me semblerait qu'on fût en droit d'exiger que la personne qui combat les opinions d'un autre auteur, voulût tout au moins se donner la peine d'examiner ce que ce dernier constate, pour que l'on pût éviter l'ennui de répéter sans cesse la même chose. On lit aussi bien dans l'édition suédoise (p. 45) que dans l'édition française (p. 98) de mon précédent mémoire, que «l'Eophyton se trouve sous les mêmes formes «depuis le système cambrien jusqu'au triasique», d'où il suit que l'objection de M. DE SAPORTA était mal placée, et qu'il y avait été répondu d'avance. Je puis maintenant ajouter au surplus que M. le professeur LUNDGREN a trouvé l'Eophyton dans les couches liasiques de

---

[1] A. G. NATHORST, Om några förmodade växtfossilier. Öfversigt af Vet.-Akad. Förhandlingar. Stockholm 1873. (*Sur quelques plantes fossiles supposées. Bulletin de l'Académie roy. des Sciences. 1873.*)

la Scanie, et que l'Eophyton se rencontrant aussi, comme il a été dit, sur les rivages actuels de la mer, ce n'est sans doute qu'une simple question de temps que d'en constater également la présence dans les couches crétacées et les couches tertiaires [1].

M. DE SAPORTA prétend ensuite que «des traînées d'objets peuvent bien se "croiser et s'interrompre, mais non pas s'entremêler». Nous avons vu cependant, au sujet des Cruziana, qu'en dépit des assertions de notre savant confrère, c'est quelque chose de très commun et de très ordinaire chez les traces. Son objection n'a par suite aucune valeur, et c'eût été la chose la plus simple du monde de produire par la voie expérimentale autant d'Eophyton croisés et entremêlés qu'on eût voulu, quoique je considérasse cette chose comme parfaitement superflue. Mais le savant français citant à l'appui de son allégation la figure 6 de ses *Algues fossiles* (p. 65), j'insiste une seconde fois sur le fait que cette figure est schématisée à un degré tel, qu'elle a perdu toute valeur comme illustration de l'Eophyton. Il est en effet bien connu, même parmi les personnes qui soutenaient dans le principe en Suède la nature végétale de l'Eophyton, que dans la règle les exemplaires se coupent mutuellement, et qu'on ne le rencontre pas sous la forme qu'il a plu à notre confrère de lui donner dans la figure mentionnée, où, en outre, la roche a été laissée de côté. [2]

Nous venons de voir par conséquent: 1:o, que l'Eophyton se rencontre dans des conditions prouvant que ce doit nécessairement être une trace d'une espèce ou d'une autre; 2:o, qu'il offre un aspect absolument identique dans des systèmes géologiques différents; 3:o, qu'on le retrouve sur les rivages des mers actuelles. Je crois maintenant avoir prouvé par ces trois faits la nature purement mécanique de l'Eophyton.

Ce serait cependant se rendre coupable d'un exclusivisme trop outré, si l'on prétendait que les plantes charriées par les eaux fussent seules à même de donner naissance à l'Eophyton. En réalité, il peut être dû à peu près à tous les objets possibles. Quand on pratique des expériences avec l'argile, il est même difficile d'empêcher que l'Eophyton ne se produise incessamment, dès qu'un objet est traîné à la surface de l'argile, que cet objet soit mou, dur, ou même une pierre: le résultat en est toujours l'Eophyton. Décider dans chaque cas spécial quels sont les objets qui y ont donné naissance est par conséquent impossible. Je mentionnais déjà, dans mon précédent ouvrage (*Mémoire sur quelque traces etc.*, p. 98), que l'Eophyton avait aussi été obtenu, par la voie expérimentale, des bras de *Cyanea capillata*, et que les Eophytons de Lugnâs étaient probablement des traces de méduses. J'ai démontré notamment dans un autre mémoire [3], que l'on trouve des empreintes de méduses dans les mêmes couches que l'Eophyton, et que ces méduses avaient probable-

---

[1] Depuis que ces lignes ont été écrites, ma supposition a déjà reçu une constatation. M. MUNIER-CHALMAS a en effet communiqué (Bull. de la Soc. géol. de France, 3me série, T. 13, p. 189) qu'«il a rapporté «des empreintes à peu près semblables aux formes siluriennes (d'Eophyton), des couches éocènes d'Istrie et du «Miocène inférieur d'Auvergne».

[2] On constate même quelques légères différences entre cette figure et la reproduction que l'on trouve du même exemplaire dans l'*Évolution des cryptogames*, p. 82, fig. 22, où l'objet a reçu en outre un nouveau nom (*Eophyton Torelli* SAP. et MAR.). Même cette figure est schématisée à un haut degré.

[3] A. G. NATHORST: Om aftryck af medusor i Sveriges kambriska lager (*Sur des empreintes de méduses dans les couches cambriennes de la Suède*). Mémoires (*Handlingar*) de l'Acad. roy. des sc. de Suède, T. 19, N:o 1. Stockholm. Norstedt & Söner.

ment le même genre de vie que *Polyclonia frondosa,* qui a pour habitude de se traîner sur le fond argileux à l'aide de ses tentacules.

Il est par conséquent fort à présumer que ce sont ces méduses qui ont donné naissance à l'Eophyton de Lugnås, et cela explique également pourquoi l'Eophyton se trouve au même horizon géologique en Amérique. D'autres animaux peuvent naturellement aussi produire l'Eophyton, et un exemple en a été fourni dans la revue *«the Nature»* (Londres) du 25 novembre 1880 (p. 93) [1]. Tout ce que je viens de dire ci-dessus a déjà été exposé plus en détail dans mon précédent mémoire, mais M. DE SAPORTA n'y ayant eu aucun égard, j'ai été forcé de le répéter.

Dans ses *Algues fossiles* (p. 66), M. DE SAPORTA décrit un objet des couches de l'Hérault, auquel il a donné le nom d'*Eophyton Bleicheri.* Il dit que cet objet dénote une substance végétale, et que c'est un fragment sur lequel on peut observer des stries longitudinales. A en juger de la description et du dessin, il paraît vraiment pouvoir provenir d'une plante, mais pourrait être un fragment de la tige d'une fougère ou d'une autre plante vasculaire, plutôt qu'une algue. Quoi qu'il en soit à ce sujet, notre confrère n'est pas en droit de lui attribuer le nom d'Eophyton, car les objets qui ont donné naissance à cette dénomination sont décidément des traces. Or ces traces devant posséder un nom dans tous les cas, le mieux est de leur conserver celui d'Eophyton. L'objet de l'Hérault n'exerce par conséquent aucune influence sur la question du véritable Eophyton.

Laminarites Lagrangei.

Nous passons maintenant à un groupe d'objets qui sont des «algues» aux yeux de M. DE SAPORTA, tandis qu'ils ne possèdent en réalité aucun rapport avec des êtres organisés, et que par suite ce ne sont pas même des traces. On connaît depuis longtemps déjà les objets en question de tous les systèmes sédimentaires, et on les rencontre également sur les rivages actuels des mers aussi bien que des eaux douces. Ce sont les marques que le mouvement des vagues produit à la surface du sable, et qui sont depuis longtemps connues sous le nom de «rides ou de traces de clapotement des vagues» (*ripple-marks*).

Dans l'*Évolution des cryptogames,* MM. DE SAPORTA et MARION ont décrit une *ripple-mark* pareille sous la dénomination de *Laminarites Lagrangei,* et la même marque est décrite à nouveau par M. de SAPORTA dans les *Algues fossiles* (p. 25, Pl. 4). Les figures données ne sont pas de nature à faire voir au premier coup d'œil que ce sont des *ripple-marks,* la roche ayant également été laissée de côté. Il en résulte que le dessin figure un objet se composant apparemment de bandes parallèles les unes aux autres, ramifiées çà et là, et s'anastomosant parfois. Ces «lanières ou bandelettes», comme les nomme notre savant confrère, reproduites dans les *Algues fossiles* à $^1/_6$ de la grandeur naturelle, ont une largeur de 4,5 cm., et sont séparées les unes des autres par des inter-

---

[1] M. DE SAPORTA fait ressortir la possibilité que si Eophyton est une trace, il est peut-être dû à des trilobites. L'horizon auquel Eophyton se présente principalement en Suède est toutefois considérablement antérieur aux couches dans lesquelles on a trouvé les plus anciens trilobites, et il est peu probable que des crustacés puissent donner naissance à des traces pareilles.

valles vides d'une largeur à peu près égale. Elles offrent par endroits des bords déchirés, que M. DE SAPORTA interprète comme provenant peut-être de «la morsure des animaux»! Selon la manière de voir du savant français, *Laminarites Lagrangei* constituerait les restes de phyllomes réticulés, qui «pouvaient bien atteindre cinquante à soixante, peut-être jusqu'à «cent mètres».

On serait en droit d'attendre que lorsque quelqu'un décrit comme plante un objet qui diffère tellement de tout ce que l'on connaît dans le monde végétal, il voulût au moins fournir une preuve que cet objet appartient réellement au règne végétal. J'ai cependant cherché en vain à découvrir une preuve quelconque dans le mémoire de l'illustre botaniste. Il *n'essaye pas même* d'en donner et se contente de décrire l'objet dans l'admission tacite que c'est un végétal.

Quiconque a quelque peu étudié l'effet des vagues sur le sable, n'ignore probablement pas que les rides formées par elles revêtent parfois une forme correspondant à tous égards à *Laminarites Lagrangei*. Quoique j'en aie déjà été convaincu dès la première heure, c'est cependant avec une vraie satisfaction que je puis citer, à l'appui de ma propre expérience, celle de géologues aussi célèbres que M. DAUBRÉE [1] et M. HÉBERT [2]. Le dernier affirme avoir remarqué que la plage argilo-sableuse et presque horizontale de Granville était, à marée basse, après le retrait de la vague, couverte de rides pareilles à celles que M. DE SAPORTA a figurées. Cette concordance ne peut donc être révoquée en doute. M. DE SAPORTA fait cependant quelques objections à son égard [3]. Il émet d'abord la remarque que «les bandelettes affectent un très léger relief et une coloration distincte de celle du «fond de la plaque, qu'elles présentent une largeur sensiblement égale, enfin qu'elles occu- «pent la face inférieure des assises». Grâce à cette dernière circonstance, il est évident que les «bandelettes» de *Laminarites Lagrangei* sont des contre-empreintes ou moulages de dépressions formées par les vagues sur le sable. Mais cela en explique aussi la teinte plus foncée, car il est très commun que des matières organiques de diverses espèces soient entraînées, souvent divisées en particules d'une excessive ténuité, dans ces dépressions longitudinales, et leur communiquent une teinte différente de celle du sable environnant. C'est un phénomène que j'ai constaté moi-même au bord de la mer, et M. R. ZEILLER m'a communiqué par écrit qu'il l'a également observé. («J'ai remarqué souvent sur le fond des rides «formées sur le sable une coloration d'un jaune verdâtre due, je crois, à des algues micro- «scopiques».) L'été dernier, j'ai vu un phénomène pareil dans un bassin d'eau douce; mais le contraste y était encore plus grand, car là c'étaient des particules noires de tourbe qui avaient été entraînées dans les dépressions des *ripple-marks*. Si une trace pareille se recouvrait ensuite de sable, puis venait à se pétrifier, les renflements de la face inférieure du grès correspondant aux dépressions en contracteraient une teinte plus foncée. Au surplus, une teinte de l'espèce peut provenir aussi de la boue d'argile amenée dans les sillons. On objectera peut-être que les «bandelettes» de *Laminarites Lagrangei* offrent une limite trop nette pour pouvoir être attribuées à cette cause; mais la limite en

---

[1] DAUBRÉE: *Descrip. géol. et minér. du Bas-Rhin.* Strasbourg 1852, p. 95, Pl. 1, fig. 20.
[2] Bullet. de la Soc. géol. de France, 3me série, T. 13, p. 77.
[3] Bullet. de la Soc. géol. de France, 3me série, T. 13. p. 418. — DE SAPORTA: *Remarques sur le Laminarites Lagrangei.*

question est évidemment due à la circonstance que la matière étrangère, qu'elle ait été d'origine organique ou non, a totalement pu recouvrir les sillons. Au surplus, le fait que cette objection n'a aucune raison d'être, ressort directement et avec pleine évidence de la *ripple-mark* reproduite à la Pl. 5, fig. 3. Cet échantillon, provenant du grès de Hör en Scanie, et appartenant au musée géologique de l'Université de Lund, d'où j'ai pu l'emprunter grâce à la bienveillance de M. le professeur LUNDGREN, possède à peu près les mêmes dimensions que *Laminarites Lagrangei*. (La fig. 3 est à $^1/_5$ environ de la grandeur naturelle.) Par leur coloration foncée, due à une couche mince de sable argileux déposé dans les dépressions, ces *ripple-marks* ressortent très nettement de la masse environnante; elles offrent la même ramification que chez *Laminarites Lagrangei*, et même sur un point une anastomosation, phénomène très fréquent chez les *ripple-marks* des rivages actuels. La conformité est donc aussi grande qu'on la peut désirer.

«Il ne faut», continue M. DE SAPORTA dans sa réponse à M. HÉBERT, «pas négliger «non plus cette particularité qui, à elle seule, rend presque impossible à concevoir les effets «présumés du *plissement par les eaux après le retrait de la vague*, — que les corps en «question sont généralement superposés deux par deux, constituant ainsi *deux ensembles* «étendus à plat l'un sur l'autre, qui se croisent à angle droit.». — Rien n'est cependant plus commun que de voir, sur les rivages actuels de la mer des systèmes de *ripple-marks* se croisant par suite de modifications dans la direction du vent et des vagues. Tantôt le système plus ancien est presque totalement effacé par le système plus récent, tantôt les deux systèmes peuvent s'anastomoser apparemment et donner naissance aux figures les plus compliquées. Comme notre confrère dit (*Algues fossiles*, p. 26) qu'il a pu »décroûter «le plus superficiel de ces deux ensembles,» il en suit qu'ils ne sont pas totalement au même niveau et qu'ils se trouvent séparés par une mince couche de sable [1]. C'est cependant une chose depuis longtemps connue que l'on rencontre fréquemment des systèmes de *ripple-marks* se croisant immédiatement, et comme réponse aux remarques de M. DE SAPORTA à cet égard, je ne crois pas pouvoir mieux faire que de citer les paroles suivantes de LYELL (*Manuel de géologie élémentaire*. Traduction française par M. HUGARD, 5me Édition, 1856, T. I, p. 34): «Dans une plaque de grès qui n'a pas plus de 4 cm. d'épaisseur, on observe «souvent les élévations ou dépressions d'une ancienne ondulation sur plusieurs plaques «successives, dirigées vers différents points de l'horizon.» Ces paroles de l'illustre géologue anglais se passent de tout commentaire.

Les Panescorsen.

S'il faut avouer que la forme de *ripple-marks* décrite comme *Laminarites Lagrangei* n'est pas l'une des plus communes, c'est plus que l'on n'en peut dire des

---

[1] J'ai vainement essayé d'obtenir, en vue de l'examiner, même un petit fragment de *Laminarites*. M. ZEILLER a toutefois bien voulu me communiquer une esquisse des exemplaires qu'il a étudiés, et il dit par rapport aux deux marques qui s'entrecroisent: «Les bandes horizontales» (cela se rapporte à l'esquisse) «sont placées un peu «au-dessus des bandes verticales; vers la gauche de la figure, elles ne sont séparées que par une épaisseur à peu «près nulle, et au contact commun les bandes horizontales trop minces ont sauté; à droite, l'intervalle est plus «grand, et les bandes verticales passent sous les autres».

Panescorsea. Quelques-unes des «espèces» décrites, telles que *Panescorsea lugdunensis* SAP. et *primordialis* (*Organismes problématiques*) sont des *ripple-marks* parfaitement typiques, tandis qu'au contraire *P. Segondi* SAP. (*Organ. problém.*) et *P. glomerata* SAP. (*Algues fossiles*, p. 28, Pl. 5, fig. 1) appartiennent à une forme d'ondulations moins nettement développée, mais néanmoins commune sur les rivages actuels de la mer aussi bien qu'à l'état fossile. La première «espèce» décrite est *Panescorsea glomerata*. M. DE SAPORTA dit, il est vrai, à son égard: «un pareil type s'éloigne de tout ce que nous connaissons» (*Algues fossiles*, p. 28). Il semble que, dans ces circonstances, l'illustre savant eût dû alléguer une raison pour laquelle il la rapporte néanmoins au règne végétal. Or, il ne le fait pas; il donne d'emblée à l'objet la dénomination de «phyllome», et la qualification de «bandes» aux crêtes ou renflements, puis tout serait dit, selon lui, car il ajoute: «il est vraiment impossible «de voir là des traces d'animaux inférieurs, quelle que puisse être la manière de les conce-«voir.» Il n'a jamais été question de voir des traces dans ces objets, mais notre confrère semble totalement avoir oublié les *ripple-marks*, quoiqu'il eût dû être averti par l'erreur que GÖPPERT commit dans le temps en décrivant une *ripple-mark* du grès silurien de la Dalécarlie comme *Sigillaria Hausmanniana*, avec laquelle *Panescorsea Segondi* SAP. parait être assez concordante. *Panescorsea lugdunensis* SAP. (*Organ. problém.*, p. 50, fig. 6) est, comme il a été dit ci-dessus, une *ripple-mark* typique, et elle a, suivant ce que rapporte M. DE SAPORTA, déjà été considérée auparavant comme telle. Or, comment le savant français prouve-t-il la fausseté de cette manière de voir? «Mais les arguments, dit-il, «que j'ai invoqués pour faire admettre l'origine organique de *Panescorsea glomerata* «se trouvent également applicables à une forme évidemment similaire du premier, s'y «rattachant de très près par son facies comme par ses dimensions.»

Comme nous venons de le voir, cependant, M. DE SAPORTA *n'a pas fourni un seul argument* de nature à démontrer que *P. glomerata* soit une plante, et le renvoi en question n'est par conséquent pas non plus une preuve. *P. primordialis* est une *ripple-mark* tout aussi typique que *P. lugdunensis*.

J'aurais sans doute pu accompagner cet exposé d'illustrations de *ripple-marks* correspondant aux diverses «espèces» de Panescorsea, afin de montrer une fois de plus que ce sont réellement des traces de vagues. Mais cela aurait été parfaitement superflu, chaque personne ayant étudié quelque peu ces phénomènes sur nos rivages actuels devant sans nul doute reconnaître dès l'abord que les Panescorsea sont des *ripple-marks*.

Les Alectoruridées.

Dans mon *Mémoire sur quelques traces d'animaux etc.*, je signalais la présence fréquente de ces objets dans certaines couches, où ils se présentent dans des conditions telles et par masses si considérables, que s'ils avaient été des plantes, ils eussent dû vivre aussi sur les points où on les rencontre actuellement à l'état fossile. C'est ce que reconnait également M. DE SAPORTA (*Algues fossiles*, p. 43), et par conséquent nous aurions de même ici, comme chez les Chondritées, affaire à des algues dont le genre de vie aurait totalement différé de celui des algues actuelles. En effet, ces objets, parfois très grands, se rencontrent, dans les conditions qui viennent d'être nommées, dans des grès fins, dans des lits schisto-charbonneux, etc., où des pierres ou d'autres objets sur lesquels ils eussent pu être fixés font totalement défaut. Cette circonstance infirme à elle seule toute idée qu'ils aient eu rien de commun avec des algues, et comme on pouvait s'y attendre, le monde végétal actuel manque totalement de type analogue aux Alectoruridées.

Il existe ensuite des formes qui traversent la roche en y décrivant des spirales et qui dans leur mode de conservation se séparent de tout ce qui porte le nom de végétaux. Depuis la publication de mon précédent mémoire, j'ai eu moi-même l'occasion d'étudier dans les assises du calcaire carbonifère du Spitzberg des masses d'Alectoruridées, et cela dans les mêmes couches que celles possédant des fossiles véritables, tels que Productus, Spirifer, etc. J'ai pu me convaincre par là que les Alectoruridées sont des phénomènes parfaitement mécaniques d'une espèce ou d'une autre. M. F. Römer, qui a examiné sur place *Spirophyton cauda-galli*, a émis également la même opinion [1].

Si l'on peut donc alléguer, d'un côté, des raisons fondées contre l'hypothèse que les Alectoruridées sont des plantes, c'est naturellement un autre question de savoir si, à l'heure actuelle, il est possible de dire à quoi elles doivent en réalité leur origine. On pourrait en effet facilement prouver qu'elles ne sont pas des végétaux, sans que l'on eût besoin d'être en même temps en état de répondre à la question de leur origine effective. M. DE SAPORTA a néanmoins confondu ces deux questions, lorsque, par suite de mon franc et sincère aveu que je n'avais pas encore réussi à rien obtenir alors qui correspondît complètement aux Alectoruridées, il s'écrie d'un ton de triomphe: «L'éclaircissement qu'il «(M. NATHORST) souhaite, le fuit, en définitive, par l'excellente raison qu'il est incompatible «avec la nature des choses» (*Algues fossiles*, p. 40).

Notre savant confrère s'empressait cependant trop tôt de chanter victoire. Je n'ai pu continuer que pendant ces tout derniers jours les expériences auxquelles je m'étais précédemment livré; mais ces expériences n'en sont pas moins des plus significatives malgré ce qu'elles ont encore d'incomplet. Cependant, comme elles ne sont pas terminées, et que selon toute probabilité elles exigeront encore un temps assez considérable, je dois actuellement me réserver d'y revenir dans un travail spécial. Je suis néanmoins à même de communiquer d'ores et déjà que les expériences en question ont corroboré en tout mes expériences précédentes, et que même un réseau pareil à celui décrit par M. DE SAPORTA chez *Cancellophycus* n'est nullement étranger aux objets obtenus par la voie mécanique.

Objets divers décrits comme algues par M. DE SAPORTA.

Notre illustre confrère paraît avoir pris en très mauvaise part ce que je disais, dans mon précédent Mémoire, sur les «algues» des *Végétaux jurassiques* et de *l'Évolution des cryptogames*. Il est néanmoins évident que les erreurs commises, selon moi, dans les ouvrages précités, par M. DE SAPORTA seul ou en collaboration avec M. MARION, étaient en partie très excusables à une époque où l'on ignorait encore que les traces de certains vers pussent être constamment ramifiées, et où l'on savait relativement si peu des

---

[1] F. RÖMER: *Lethaea palaeozoica.* Text. Erste Lieferung. Stuttgart 1880.

traces des animaux invertébrés, etc. J'avouerai aussi que je ne me suis pas exprimé d'une façon parfaitement exacte à l'égard des mémoires cités. En effet, quand je dis par rapport au premier: «A l'exception d'Itiera et peut-être aussi d'une partie d'autres espèces, tous les fossiles «décrits comme des algues sont de véritables traces», j'aurais dû ajouter: «ou des phénomènes «d'origine purement mécanique»; et j'en aurais dû faire de même quant au dernier, au sujet duquel je me suis exprimé en ces termes: «La plupart des algues décrites ici sont des traces de «diverses sortes». Mais, cette modification faite, je n'ai rien à retirer de mon premier jugement.

De toutes les «algues» fossiles, décrites et reproduites dans l'*Évolution des cryptogames*, il n'y en a, selon moi, que deux: *Delesseria parisiensis* WAT., et à en juger par la description de M. DE SAPORTA dans les *Algues fossiles*, en outre *Halymenites Arnaudi* SAP. et MAR., qui soient réellement des plantes.

Dans le mémoire *A propos des algues fossiles*, nous trouvons aussi, comme de véritables plantes, une *Delesseria*, ainsi que l'*Halymenites* qui vient d'être mentionnée, à l'égard desquelles je n'ai, pour ma part, jamais énoncé de doutes. *Lithothamnites Croizieri* SAP. est de même sans nul doute un organisme, mais je suis à la même fois loin d'être convaincu qu'il appartienne au monde végétal: ce pourrait être un bryozoaire. Comme je le signalais déjà précédemment, *Paleochondrites oldhamiæformis* SAP. et peut-être encore *P. dictyophyton* SAP. (*Algues fossiles*, p. 35, Pl. 5, ff. 2—5) peuvent aussi être de véritables algues. Mais avec ces cinq espèces, le nombre des algues réelles dans «*A propos des algues fossiles*» est fort probablement épuisé.

Il me paraît en revanche très douteux qu'il existe de véritables algues parmi tous les objets décrits dans «*Les organismes problématiques*».

Je me suis énoncé déjà sur les Cruziana et les Panescorsea. Des autres types, aucun, peut-être avec une seule exception [1], n'est de nature à pouvoir représenter une plante

---

[1] *Vexillum Desglandii* ROUAULT, dont M. DE SAPORTA donne aussi un exemplaire, serait *peut-être* de nature à contenir de véritables organismes. N'ayant pas eu moi-même l'occasion d'examiner ces objets, je n'ose rien dire de positif à leur égard, me contentant de mentionner que j'ai rencontré en Suède un véritable organisme paraissant offrir une certaine ressemblance avec quelques-unes des formes de *Vexillum Desglandii* figurées par M. LEBESCONTE. Je dis cela avec d'autant plus d'empressement, que j'ai jadis émis des doutes non justifiés sur la nature organique de cet objet [*]. M. TORELL l'a décrit le premier sous la dénomination de *Cordaites? Nilssoni*, et par suite du mauvais état de conservation de l'exemplaire décrit, j'exprimai l'opinion que c'était un objet d'origine mécanique à l'instar de toutes les autres espèces décrits dans le même ouvrage par M. TORELL. Je suis heureux de me voir en état de rectifier cette manière de voir. M. DE SCHMALENSÉE a trouvé, il y a plusieurs années, dans l'île d'Öland, une foule d'exemplaires bien conservés du même objet dans des blocs de grès détachés. Ils sont enchâssés pêle-mêle dans la roche, parfaitement comme les plantes du grès de Hör, etc. La figure ci-jointe servira le mieux à montrer leur aspect. On les voit non seulement de côté, mais encore en section transversale, et il en ressort que les objets, — ou ce qui en a été conservé, — sont divisés en tubes longitudinaux, creux, presque parallèles entre eux vers le haut et convergeant vers le bas. Ils paraissent avoir possédé une consistance solide, car malgré leur forme tubulaire, ils ne sont pas comprimés, et les tubes sont remplis de sable de la même espèce que la roche environnante. Si nous avons ici un organisme indisputable, sa position dans le système, — soit parmi les animaux, soit parmi les plantes, — est encore totalement énigmatique. Les principaux zoologistes et les algologistes que j'ai consultés à cet égard, sont restés tout aussi perplexes. Aurait-on par hasard devant soi un parent non spiralé de Spirangium? La dénomination donnée par TORELL ne peut être conservée à ces objets. Je crois donc devoir proposer pour eux le nom générique de *Syringomorpha*, et l'espèce d'Öland serait par conséquent appelée *Syringomorpha Nilssoni* TORELL sp.

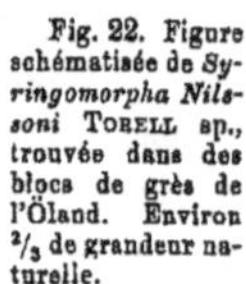

Fig. 22. Figure schématisée de *Syringomorpha Nilssoni* TORELL sp., trouvée dans des blocs de grès de l'Öland. Environ 2/3 de grandeur naturelle.

[*] A. G. NATHORST: *Om några förmodade växtfossilier* (Sur quelques fossiles végétaux supposés). Bulletin (*Öfversigt*) des travaux de l'Acad. roy. des sciences. Stockholm 1873.

véritable. C'est aussi peu le cas des *Gyrolithes*, que de *Siphodendron Girardoti* Sap., *Vexillum Rouvillei* Sap.[1], *V. Morieri* Sap., *Fræna Sainthilairei* Rou., *Goniophycus implexus* Sap. et *G. problematicus* Sap. Essayer de fournir des preuves me parait superflu; chaque botaniste ne m'en comprendra pas moins.

Conclusion.

Que reste-t-il maintenant aux yeux d'un lecteur impartial des «algues» décrites et surtout défendues avec une si remarquable ténacité par notre illustre confrère d'Aix? D'après sa manière de voir, on doit rencontrer des algues fossiles à peu près partout; mais lorsqu'elles manquent en réalité, il donne les titres et qualités d'algues à des pistes d'animaux, à des traces de plantes charriées par l'eau, à des *ripple-marks* ou à d'autres phénomènes dus au mouvement de l'eau, et, pour ainsi dire, à chaque inégalité de la surface des couches. Et comme ces objets se présentent dans des conditions étrangères à celles des plantes véritables, il est forcé d'inventer une méthode spéciale de fossilisation qui se trouve dans l'opposition la plus flagrante avec les lois de la physique. Or nous avons vu s'évanouir l'une après l'autre la grande majorité de ces «algues». A plus proche examen, les arguments employés par le savant français se sont montrés creux et fragiles, ils ont éclaté comme des bulles de savon. Que reste-t-il maintenant?

Ce qu'il reste, c'est la *Delesseria* tertiaire, et le type également tertiaire de *Halymenites Arnaudi* Sap. et Mar. Des algues jurassiques de M. DE SAPORTA on devra conserver peut-être *Itieria* et *Lithothamnites Croizieri*. Enfin, il n'est pas impossible qu'il n'entre quelques algues véritables parmi les soi-disantes Chondritées. Ajoutons comme vraisemblables les deux *Paleochondrites* de l'âge silurien. — Mais après cela, rien!

N'aurait-il donc pas existé d'algues dans les mers primitives? Oui, sans nul doute! Non-seulement elles ont existé, elles l'ont même fait probablement en nombre. Mais, à l'instar d'une foule d'autres organismes qui ne se prêtent pas à la conservation à l'état fossile, ce n'est que grâce à des conditions tout spécialement favorables qu'elles ont dû leur conservation, ce qui explique aussi leur rareté. Je donnerai plus loin quelques exemples de la présence d'algues véritables dans le système silurien, mais je signalerai d'abord l'exemple analogue qu'ont offert les mousses. Quoique l'on pût présumer *a priori* que les mousses ont dû apparaître de bonne heure sur la terre, on ne posséda pas de connaissance certaine de ces plantes dans des couches antérieures aux tertiaires, avant que MM. RENAULT et ZEILLER n'eussent communiqué la remarquable découverte de mousses dans les couches de houille de Commentry, en France.[2] Le fait que l'on n'avait pas pu indiquer auparavant la présence de mousses fossiles, ne signifiait pas qu'il n'en avait jamais existé, et l'on s'est tout le temps attendu à ce qu'il se ferait un jour ou l'autre une découverte de genre de celle de MM. RENAULT et ZEILLER. Pourquoi ne pas appliquer le même raisonnement aux

---

[1] *Vexillum Rouvillei* Sap. n'est probablement pas autre chose que des traces de l'eau ruisselant sur la plage restée à sec à la marée basse. Elles semblent du moins assez conformes aux figures de traces de l'espèce publiées par M. WILLIAMSON dans son intéressant ouvrage: *On some undescribed tracks of invertebrate animals etc.* (Mem. Lit. & Phil. Soc. Manchester. 3rd Ser. Vol. 10. 1884—85.)

[2] RENAULT et ZEILLER, Sur des mousses de l'époque houillère. Comptes-rendus hebdomadaires etc. Paris 2 Mars 1885.

algues fossiles, et ne pas attendre les découvertes d'algues véritables qui devaient nécessairement finir par avoir lieu, du moment où, grâce aux trouvailles de Monte Bolca, de Radoboj, de Paris, etc., l'on savait qu'il en pouvait être conservé dans des roches convenables? On a vu, au lieu de cela, le spectacle étrange d'une foule de savants, M. DE SAPORTA en tête, confondre et décrire, sous la dénomination d'«algues», toutes les espèces possibles d'objets à quelque catégorie qu'ils pussent appartenir, jusqu'à ce que ce terme d'«algues» ait fini, ou peu s'en faut, par s'identifier avec celui d'une inégalité quelconque à la surface d'une couche.

On a poussé si loin l'engouement des algues, que l'on est même allé jusqu'à construire leur arbre généalogique à l'aide de ces objets qui n'ont rien de commun avec elles.

C'est contre un système pareil que j'ai voulu réagir et protester, et en le faisant je n'ai pas eu la moindre illusion sur les suites. Je savais fort bien l'accueil qui m'attendait de la part de mes adversaires, et je n'ignorais en aucune façon que l'on porterait à mon passif des allégations du genre de celle qu'il n'a jamais existé d'algues dans les mers anciennes, cela quoique j'aie moi-même décrit une algue fossile silurienne. Je savais en outre et surtout qu'une résistance pareille se produit toujours quand de nouvelles opinions cherchent à se faire jour afin de renverser des erreurs existantes, et le blâme auquel j'ai été exposé m'a par suite laissé totalement indifférent. Je savais enfin que le nombre de mes partisans augmenterait toujours davantage. J'ai eu en effet la satisfaction de constater qu'en dépit de tous les efforts de M. DE SAPORTA, mes vues gagnent toujours plus de terrain; et dans le cas où mes adversaires posséderaient encore quelques partisans parmi les géologues, j'ai néanmoins la certitude que l'avenir m'appartient.

J'ai eu du reste tout le temps la conviction que du moment où l'on a appris à n'attacher qu'une faible importance à des objets tels que les prétendues algues de M. DE SAPORTA, on amènera de temps à autre à la lumière du jour de véritables algues fossiles négligées jusqu'à cette heure, si même le nombre n'en est pas grand.

L'un des genres les plus anciens est sans nul doute *Sphenothallus*, trouvé dans le groupe de l'Hudson River, Amérique du Nord,[1] ainsi que dans le schiste supérieur à graptolites de la Vestrogothie.[2] Ces représentants de la grande famille des algues apparaissent sous la forme de véritables empreintes aplaties sur le schiste à l'instar des algues tertiaires de Monte Bolca. Une autre algue silurienne est *Nematophycus Hicksii* ETHERIDGE, dont de petits fragments de tige avec leur structure intérieure conservée ont été découverts par HICKS[3] dans les couches inférieures du Wenlock (Denbigshire Grits), au pays de Galles. ETHERIDGE, qui a décrit cette algue, la compare avec la structure des types *Lessonia* et *D'Urvillea*. A la même famille appartient en outre la gigantesque espèce de l'Amérique du Nord sur laquelle CARRUTHERS a le premier établi le genre *Nematophycus*,[4]

---

[1] HALL: *Paleontology of New-York*. Vol. 1, Pl. 68, fig. 1. Albany, 1847.

[2] A.-G. NATHORST: *Om förekomsten af Sphenothallus cfr angustifolius* HALL *i silurisk skiffer i Vestergötland* (Sur la présence de *Sphenothallus* cfr. *angustifolius* HALL dans les assises siluriennes de la Vestrogothie). —Bulletin (*Förhandlingar*) de la Société géologique (*Geologiska Föreningen*) de Stockholm. T. 6, p. 315, et Pl. 15.

[3] HICKS: *On the Discovery of some Remains of Plants at the Base of the Denbigshire Grits* etc., *with an Appendix by* R. ETHERIDGE, — Quarterly Journal Geol. Soc. London. Vol. 37. 1881.

[4] CARRUTHERS: *On the History, Histological Structure and Affinities of Nematophycus Logani* CARR. (*Prototaxites Logani* DAWSON), *an Alga of Devonian Age.* — Monthly Microscopical Journal. Oct 1, 1872.

— *N. Logani* DAWSON sp. (*Prototaxites Logani* DAWSON[1]), — et qui fait de même voir de grandes tiges à structure bien conservée.[2]

J'ai déjà signalé à plusieurs reprises que le *Paleochondrites oldhamiæformis* de M. DE SAPORTA est peut-être une véritable algue.

Je ne crois pas devoir négliger de mentionner ici que M. le professeur G. LINDSTRÖM a rencontré à Gotland, dans la couche où il découvrit le scorpion silurien (*Palæophonus Nuncius* THORELL et LINDSTRÖM), un grand nombre d'organismes qui sont peut-être des algues et qui se présentent en tout point comme de vraies plantes. Dans leur facies, leurs ramifications etc., ils offrent une ressemblance des plus frappantes avec des algues véritables. Mais comme ils trahissent à la même fois quelque ressemblance avec certains graptolites, ces organismes, chez lesquels la substance organique est encore en place, devront être soumis à un examen très exact et très consciencieux avant qu'il soit possible d'en déterminer la vraie nature. Si cet examen venait à démontrer que ce sont réellement des algues, on aurait dans cette circonstance une nouvelle preuve à ajouter à tant d'autres déjà acquises, que dans leur mode de conservation les algues fossiles véritables ne différent en aucun égard des autres plantes.

---

[1] DAWSON: *Fossil Plants from the Devonian Rocks of Canada.* — Quarterly Journal Geol. Soc. London. Vol. 15. 1859.

[2] L'allégation de M. de Saporta qu'il n'a pas encore été découvert d'algues ayant conservé leur structure microscopique est par conséquent entachée d'erreur. (*Organismes problématiques*, p. 63.: «d'ailleurs, le phénomène «de la minéralisation exigeant une certaine fermeté et une résistance plus ou moins prolongée des tissus ainsi «fossilisés, aucune Algue, jusqu'ici du moins, n'en a offert d'exemple».)

APPENDICE.

(AJOUTÉ LE 20 AVRIL 1886.)

ANNEXE I.

Étude sur les Cruziana de la collection LEBESCONTE.

Grâce à l'obligeance de M. LEBESCONTE, pour laquelle je ne puis assez lui exprimer ma gratitude, j'ai été mis à même d'étudier les exemplaires de Cruziana appartenant à sa collection, propres de préférence, selon lui, à démontrer que ces objets ne peuvent pas être des traces. L'examen en question n'a toutefois servi qu'à consolider davantage encore, si possible, les opinions émises par moi dans le texte, et il m'a fait voir à la même fois la justesse de mes précédentes énonciations (voir ci-dessus, pp. 28—30) sur les objections de M. LEBESCONTE. Les objets nommés par M. LEBESCONTE des Cruziana «en relief entier» sont ainsi des remplissages de petites traces sans sculpture en tunnel, etc.

Je ferai observer en outre que la roche contenant les vraies Cruziana a été exposée à une forte pression, et qu'elle est traversée de nombreuses fissures: il faut donc se garder ici de considérer des phénomènes d'ordre secondaire comme ayant quelque chose à voir avec les Cruziana mêmes. On pouvait constater sur un exemplaire un phénomène de décortication, par lequel la roche se détachait en lamelles parallèles avec la surface des Cruziana; un autre montrait, à une section transversale, un indice de stries parallèles aux contours de la Cruziana, stries évidemment dues à la déposition successive du sédiment dans la trace originale, ainsi que le montre la fig. 23. Comme de petites failles répétées traversent parfois les Cruziana et les ont partiellement déplacées, on croirait avoir sous les yeux un exemplaire composé de plusieurs couches concentriques. Heureusement ces failles se poursuivent souvent dans la roche, de sorte que la nature réelle du phénomène ne peut être l'objet de la moindre hésitation.

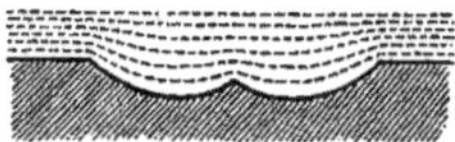

Fig. 23. Coupe transversale schématique d'une trace remplie par du sable dont les couches successives se ploient conformément aux contours de la trace.

Au nombre des échantillons envoyés par M. LEBESCONTE se trouvait aussi celui mentionné à la page 29, lequel devait montrer que les Cruziana «sont constituées par des anneaux». Cela m'a permis de m'édifier complètement sur ce qu'il faut entendre par ces "anneaux". Ce sont des renflements transversaux à la surface des Cruziana, correspondant aux dépressions transversales de la piste même. Cette sculpture paraît dans la règle, quoique pas toujours exclusivement, se présenter chez les types plus courts et relativement convexes par rapport à leur longueur, à l'égard desquels il y a par conséquent lieu d'admettre qu'ils correspondent à un trou comparativement profond creusé par l'animal.

Or les anneaux mentionnés ne sont pas autre chose que les irrégularités produites par les mouvements saccadés de l'animal. Dans les expériences que j'ai exécutées, j'ai obtenu de ces anneaux toutes les fois qu'il n'était pas imprimé un mouvement régulier et continu au rouleau, mais qu'on l'arrêtait de temps à autre subitement et par saccades. La fig. 2, Pl. 5, montre un exemplaire avec des »anneaux» semblables obtenus par la voie expérimentale.

Mais l'exemplaire sur lequel s'appuie M. LEBESCONTE offre également un grand intérêt à un autre égard. Il porte notamment sur le flanc une sculpture que M. LEBESCONTE a estimé provenir d'une «constitution intérieure». On y voit saillir par endroits, comme de l'intérieur de la roche, de petites parties montrant la même sculpture qu'à la surface. Ces parties fournissent une preuve de plus que l'exemplaire en question est le remplissage d'un trou creusé par l'animal, et elles sont dues à la circonstance que par suite des mouvements légèrement irréguliers de celui-ci, le trou est devenu plus large que lui. L'animal aura d'abord (v. fig. 24, ci-jointe), si nous ne nous occupons que de l'un des côtés, pris la

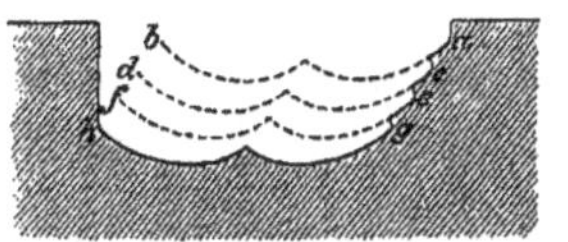

position a—b, puis la position c—d, puis enfin e—f et g—h. Comme ces positions diverses ne sont pas parfaitement superposées, chaque empreinte précédente n'a pas été totalement effacée par les suivantes. Il en est résulté qu'en a, en c et en e, on constate encore de courtes empreintes au bord du trou. Dans le moule d'une cavité pareille, ces empreintes paraissent sortir apparemment de la roche, et elles peuvent ainsi donner

Fig. 24. Pour l'explication, voir le texte.

lieu à l'admission d'une structure intérieure. Rien ne pourrait cependant être plus erroné qu'une déduction pareille. La fig. 2, Pl. 5, montre un exemplaire de l'espèce que j'ai obtenu par la voie expérimentale, et qui concorde totalement avec la structure de l'exemplaire de M. LEBESCONTE. Est-il besoin d'une meilleure preuve pour démontrer qu'il s'agit réellement d'un trou creusé par un animal?

ANNEXE II.

Remarques à propos du mémoire de M. DELGADO: «*Étude sur les Bilobites et autres fossiles des quartzites de la base du système silurique du Portugal.*» — *Lisbonne 1886.*

Au moment où, grâce à la bienveillance de son auteur, l'ouvrage de M. DELGADO m'est parvenu, l'impression du présent mémoire n'avait pas encore commencé. Il m'est donc possible de répondre dans cette annexe aux objections formulées par le savant portugais contre ma manière de voir. M. DELGADO défend à peu près la même thèse que M. DE SAPORTA. Les 43 Planches in-4:o qui accompagnent son ouvrage, magnifique au point de vue de la typographie, ont été exécutées par la phototypie, et elles sont des plus propres à faire voir combien les Cruziana se prêtent à être rendues par ce procédé.

Il est évident que les objections de M. DELGADO doivent concorder sur la plupart des points avec celles de M. DE SAPORTA. Je puis par conséquent renvoyer pour une grande partie d'entre elles à ce qui a été dit à leur égard dans les pages qui précèdent, et me restreindre à ce que M. DELGADO a pu y ajouter.

Je passerai ici sous silence ce que notre confrère dit de la «fossilisation en demi-relief», par la raison que j'ai montré ci-avant que l'explication de M. DE SAPORTA à l'égard de ce prétendu phénomène ne supporte pas la preuve. Je crois cependant devoir signaler que M. DELGADO tombe dans l'erreur en croyant qu'une algue gisant dans l'eau soit à même de produire une empreinte distincte sur la vase du fond. La pesanteur spécifique des algues se rapproche tellement de celle de l'eau, que les exemplaires morts qui tombent au fond n'y produisent pas d'empreinte appréciable. Il est en effet facile de se convaincre dans les hauts-fonds maritimes, qu'avec le courant le plus faible, des algues pareilles, même des Fucus et des Laminaires de grandes dimensions, sont transportées par ce courant comme si elles en constituaient une partie intégrante. Les algues seules fixées à de grandes pierres y sont retenues. En revanche, on voit fréquemment que les algues ont la force d'entraîner avec elles les petites pierres auxquelles elles sont fixées, d'où il résulte que la pierre trace un sillon plus ou moins sensible sur le fond. Toutes les suppositions que M. DELGADO base sur la prémisse que les algues tombées au fond de la mer y produisent des empreintes, s'évanouissent par conséquent d'elles-mêmes.

M. DELGADO résume en cinq différents points les preuves qui ont été énoncées à l'effet de démontrer que les Cruziana sont des traces, et il répond à chacun de ces points séparément. Nous allons suivre le même ordre pour examiner la portée de ses objections:

1. «*Ces fossiles*», cite le savant portugais, «*se trouvent seulement à la surface des «couches, et jamais dans l'intérieur, formant un moule complet.*» M. DELGADO signale que M. LEBESCONTE a toutefois décrit une Cruziana «renfermée dans un bloc de grès, montrant «à la fois l'empreinte et la contre-empreinte du fossile sans intercalation d'un lit d'argile». C'est parfaitement juste, et grâce à l'obligeance de M. LEBESCONTE, j'ai eu moi-même l'occasion d'examiner un exemplaire pareil. Avant la description de M. LEBESCONTE, aucun cas de l'espèce n'était connu, et c'est un renseignement qui a été gagné dans le cours de la discussion actuelle. L'explication en est toutefois très simple.

Il s'agit d'une trace qui s'est formée dans le sable pendant le dépôt même, et qui, probablement par suite d'un arrêt de courte durée dans ce dépôt, a pu être conservée tout aussi bien, tout aussi nettement, que les *ripple-marks* observées parfois sur du sable presque pur. Le phénomène en question ne fournit par conséquent aucune preuve contre l'opinion voyant des traces dans les Cruziana.

C'est dans tous les cas une exception rare, comme M. DELGADO le reconnaît lui-même.

2. «*C'est toujours dans la face inférieure des couches qu'ils se présentent.*» A cela M. DELGADO répond: «Les différents exemplaires de Bilobites que j'ai observés incrustés «dans la surface des couches, et dont j'ai pu déterminer la position sans avoir de doute, «se trouvaient en effet dans la face inférieure des bancs de quartzite; cependant je suis «loin de croire que ce soit la règle invariable.» J'ai déjà signalé ci-dessus (p. 29, fig. 18)

que quelques crustacés, *Corophium*, p. ex., peuvent produire des traces en relief sur les côtés supérieurs de la couche, et que par cette raison cela ne m'étonnerait pas si l'on trouvait un jour de petites Bilobites telles que *Crossochorda*, etc., en relief sur les faces supérieures de la roche [1]. On n'a toutefois observé jusqu'ici les véritables *Cruziana* que sur les faces inférieures des couches. «Mais», continue M. DELGADO, «nous trouvons égale-«ment concluants les cas, d'ailleurs très fréquents, où le Bilobite pénètre dans le grès «pour reparaître à une petite distance, restant en partie caché dans l'épaisseur de la «couche». Cette remarque a déjà été faite par M. LEBESCONTE, et j'y ai répondu plus haut (page 29; Pl. 1, fig. 11, et Pl. 4, fig. 5). Comme je l'ai prouvé, ce n'est qu'apparemment que la trace paraît pénétrer dans le grès. Ce phénomène est dû à ce que l'animal a alternativement creusé un sillon sur le fond et nagé ensuite pendant un instant. C'est ce que l'on peut observer en effet chez *Apus* quand il séjourne dans des eaux peu profondes. L'animal soulève la vase sur un point, mais peut ensuite, par un mouvement subit du corps, se porter un peu plus avant, où il se remet à chercher sa nourriture dans le fond, etc.

Quant aux autres énonciations de M. DELGADO par rapport à ce point, il y a été répondu dans les pages précédentes.

3. «*Ils ne renferment pas le moindre vestige de substance organique, ni d'aucune* «*substance minérale différente de la masse de la roche où ils sont contenus.*»

M. DELGADO répond à cet argument par une citation de M. ARCHIBALD GEIKIE, savoir que l'on rencontre, dans les grès du système carbonifère, des troncs de *Lepidodendron* et d'autres végétaux chez lesquels on ne constate aucun vestige de la substance originale de l'organisme, mais seulement leur forme extérieure. J'ai été, il faut le dire, très étonné de cet argument. S'il arrive que quelques grès ne montrent pas même de vestiges de l'écorce carbonisée de ces troncs, il n'est pas moins vrai, d'un autre côté, que l'on rencontre ailleurs, dans des grès analogues, d'innombrables exemplaires de ces mêmes espèces, qui, par leur enduit de charbon, se distinguent de la roche, comme j'ai eu moi-même, à fois réitérées, l'occasion de le constater. Mais le cas est tout à fait différent par rapport aux Cruziana: dans *toutes* les localités où elles se trouvent, et à *tous* les niveaux différents où elles apparaissent, elles s'y présentent *continuellement* sans substance organique. Nous sommes par conséquent en droit de citer cette absence *régulière* de substance organique comme une preuve contre la nature végétale prétendue des Cruziana.

4. «*Ils ne sont pas séparés de la roche qui les renferme par un enduit de fer* «*sulfuré ou autre qui révèle leur nature organique.*» Voici ce que répond M. DELGADO:

---

[1] C'est précisément ce qu'a fait M. STANISLAS MEUNIER, lequel a observé (voir *Comptes-rendus*, T. 102, N:o 20, 17 Mai 1886, page 1122) dans les assises kiméridiennes d'Equihen (Pas-de-Calais) de petites Bilobites (longueur indéterminée, largeur 7^{mm} environ) dont les unes se trouvent en relief, les autres en creux. Quand M. MEUNIER dit qu'il ne peut «pas comprendre comment cette coexistence peut s'expliquer dans l'opinion de «M. NATHORST», il ne paraît pas connaître que j'ai déjà décrit et figuré il y a 5 ans des traces *en relief* de Corophium (*Mémoire sur quelques traces etc.*). Mais comme nous l'avons vu ci-avant (page 29), les traces du même animal se peuvent aussi présenter en creux ou en tunnel. Les observations de M. MEUNIER sont conséquemment en parfaite harmonie avec ce que l'on peut observer chez les traces des rivages actuels, et elles ne constituent par suite aucune preuve contre ma manière de voir. Il semble en outre que M. MEUNIER ait perdu de vue la circonstance que M. MARION, aussi bien que M. DE SAPORTA en personne, avoue maintenant que les Cruziana de Bagnoles (Crossochorda) ne sont que des pistes d'animaux.
Note ajoutée au moment de l'impression.

«Cependant nos échantillons sont fréquemment couverts d'une couche de schiste rouge «très chargé d'oxyde de fer». C'est parfaitement naturel, car il est très commun de trouver un sédiment plus fin entraîné dans les pistes ouvertes. Aussi M. Delgado ajoute-t-il lui-même: «Je ne puis assurer que cette couche ferrugineuse indique la transformation de «la substance organique du fossile».

5. «*Enfin, lorsque deux de ces moules se croisent, on voit ordinairement l'un* «*d'eux comme coupé au point de contact*». Cet argument n'est plus juste, il est vrai, car il est sorti du cours de la discussion qu'il peut naître une quantité d'autres phénomènes que des déchirures quand deux pistes se croisent. Je n'ai pas besoin d'examiner ici la réponse de M. Delgado à cet égard, car comme ses objections coïncident avec celles de M. de Saporta, je les ai déjà réfutées plus haut.

Après ses réponses à ces cinq points, notre confrère de Lisbonne donne d'autres arguments de nature à prouver, selon lui, que les Cruziana ne peuvent pas être des traces. Ainsi, M. Delgado dit que les restes de trilobites sont très abondants «dans les «niveaux supérieurs et inférieurs aux quartzites, leurs moules se trouvant même parfai- «tement conservés dans des roches arénacées; il n'y a donc pas de motif plausible pour «qu'il parût des traces si abondantes de crustacés (comme M. Nathorst considère les «*Cruziana*), et que les restes des individus qui les ont produites ne se montrent jamais». Cette objection est très extraordinaire, car l'absence des trilobites dans les couches qui contiennent les Cruziana, tandis qu'ils sont communs dans les couches sus-jacentes et sous-jacentes, prouve justement que les couches à Cruziana *ne se prêtent pas* à la conservation de restes de crustacés. La circonstance citée pourrait indéniablement militer en faveur de l'admission que les Cruziana sont les traces des trilobites mêmes; mais, comme je l'ai dit ailleurs (p. 32) dans ce mémoire, je ne la considère désormais plus comme probable, et je pense plutôt qu'elles ont appartenu à un crustacé muni d'une carapace plus molle. Or, il serait absurde alors d'exiger que cet animal se trouvât conservé dans des couches où des restes de trilobites à carapace dure ont été hors d'état de se conserver.

Les remarques de M. Delgado sur ce que j'ai dit d'après M. le professeur Kjellman, savoir que les algues ne peuvent pas vivre sur du sable fin ou sur un fond d'argile, par la raison qu'elles y manquent d'objets où elles soient à même de se fixer, et que par conséquent il leur est impossible de résister à l'agitation de l'eau produite par le mouvement des vagues, ces remarques me paraissent faire preuve d'une ignorance complète de la nature des algues. Vivantes, elles ont à peu près le même poids spécifique que l'eau, ou même un poids spécifique inférieur, et par cette raison (naturellement à l'exception des algues calcaires incrustées), elles viennent flotter à la surface dès qu'elles sont arrachées à leur point d'attache. Non-seulement pour résister au mouvement des vagues, mais aussi afin de se protéger contre les courants les plus insignifiants qui se produisent dans l'eau, il leur faut un point d'attache. Et le fait même que les algues actuelles brillent par leur absence sur les fonds de la nature indiquée, est une circonstance trop connue de tous les botanistes pour pouvoir être l'objet du moindre doute. Les dubitations de M. Delgado à cet égard sont par conséquent parfaitement injustifiées.

Notre confrère émet ensuite l'opinion que les traces d'animaux n'ont aucune chance d'être conservées sur les rivages peu profonds, par la raison que l'action des vagues les détruirait bientôt. Or, comme le savant portugais a constaté la présence de *ripple-marks* dans les mêmes couches que celles où les Cruziana sont communes, il prétend que cette coexistence constituerait aussi une preuve que ces dernières ne sont pas des pistes. Cette objection est assez étrange. On sait depuis longtemps que les couches contenant des traces indisputables d'animaux, telles que de *Cheirotherium*, etc., offrent aussi bien des *ripple-marks* que d'autres phénomènes trahissant un haut-fond ou une plage. Si M. DELGADO veut visiter un rivage maritime actuel, il y observera sans nul doute une foule de pistes d'animaux, qui se trouvent près de *ripple-marks*, ou même dans des *ripple-marks* antérieurement formées. Quand ce fond se recouvre ensuite de nouveaux sédiments, les deux espèces de traces peuvent se conserver les unes à côté des autres. Par ces arguments et par d'autres précédemment émis, qui, comme nous l'avons vu, n'ont pas de force réelle, M. DELGADO croit avoir prouvé «indubitablement» que «les Bilobites ne peuvent être des moules «d'empreintes mécaniques d'animaux se traînant sur le fond de la mer ou pénétrant dans «le sable, et qu'il faut donc les considérer comme des organismes». Nous ne croyons pas avoir besoin d'accompagner cette assertion de commentaires, tout aussi peu que d'examiner les efforts de notre confrère pour ranger les Cruziana parmi les organismes de l'époque actuelle, et nous passons au lieu à la réfutation de quelques-unes des objections ultérieures du savant portugais. J'ai été très étonné à ce dernier égard des allégations suivantes de M. DELGADO: «il faut reconnaître que la conservation de la trace du passage d'un animal ou «de l'empreinte laissée par une plante entraînée accidentellement sur le fond de la mer, «doit être un cas relativement rare, surtout en présentant les détails que l'on observe dans «ses reproductions plastiques» (celles de M. NATHORST). En effet, il a été décrit une très grande quantité de traces de presque tous les systèmes géologiques, et quiconque s'est occupé un certain temps de l'étude des couches sédimentaires, sait parfaitement bien qu'à côté des traces décrites il en existe encore une foule d'autres. Sur les rivages des mers actuelles, on peut non-seulement observer des traces en voie de formation, mais parfois même aussi d'autres traces qui ont commencé à passer à l'état fossile. Il en est de même des empreintes de gouttes de pluie, etc. Le fait que les rivages argileux offrent des conditions *encore plus favorables* pour la naissance et la conservation des traces que la masse gypseuse employée par moi, ressort parfaitement de la description donnée par LYELL de ce qui se passe dans la Baie de Fundy, description à laquelle je me permets de renvoyer le savant portugais et toutes les personnes qui s'intéressent à cette question[1].

«Les circonstances que nous allons énumérer», continue M. DELGADO, «sont des argu«ments indestructibles pour prouver que les Bilobites représentent en effet des organismes «qui ont eu une existence réelle, et ne sont pas des empreintes mécaniques ou physio«logiques, qui auraient varié à l'infini selon les circonstances où elles se seraient produites. «Ce sont: la constance de certaines formes de Bilobites dans des endroits différents; leur «indépendance dans certaines couches coïncidant avec l'absence absolue de quelques autres «fossiles; la circonstance de pouvoir déterminer leur distribution stratigraphique; l'identité «spécifique qui peut s'établir entre les exemplaires recueillis dans des localités différentes

---

[1] *Principles of Geology*, 11th Edition. London 1872. Vol. I, p. 324. Voir aussi: *On fossil rain-marks of the recent, triassic and carboniferous periods.* Quarterly Journal Geol. Society. London. Vol. 7, 1851. page 238.

«et même très éloignées les unes des autres, et enfin les transitions graduelles qui lient «les exemplaires des différentes espèces et celles-ci entre elles.»

Pour nous mettre à même d'apprécier la valeur de ces assertions, supposons un instant que les Cruziana soient des pistes de trilobites. Les différentes espèces de ce type de Crustacés ont une extension verticale déterminée, tandis qu'elles peuvent se poursuivre très loin au point de vue de l'extension horizontale ou géographique. Et lorsqu'on ne rencontre pas les mêmes espèces dans des couches contemporaines distantes les unes des autres, elles y sont toutefois remplacées par d'autres espèces vicariantes. Comme il est ensuite évident, et que cela a été confirmé par l'expérience, que les pistes de la même espèce animale *doivent être analogues sous l'empire des mêmes conditions extérieures*, il en résulte, comme suite nécessaire, que par rapport à leur extension tant verticale qu'horizontale ou géographique, les Cruziana devraient se comporter parfaitement comme si elles étaient de véritables organismes; cela d'autant qu'elles se rencontrent dans des roches d'une nature assez concordante. Or, comme les espèces et les genres divers de trilobites offrent des transitions entre eux, ce serait encore plus le cas de leurs pistes. Dans les roches d'une condition telle, que les débris organiques ont été dissous, les pistes seraient le seul témoignage que ces animaux ont existé même pendant le dépôt de ces roches.

Si maintenant nous supposons qu'au lieu d'être des pistes d'un trilobite, les Cruziana soient les traces d'un crustacé phyllopode ou d'un autre animal qui ne se prête pas à la conservation, les conditions seraient parfaitement les mêmes que celles décrites ci-dessus. Les circonstances citées par M. DELGADO ne sont par conséquent rien autre que ce à quoi l'on doit s'attendre d'avance, si l'on admet que les Cruziana sont des pistes, et elles sont dès lors bien loin de constituer un argument contre cette supposition.

«Il est inadmissible de supposer», continue M. DELGADO, «que les mêmes animaux, «quelles que fussent les conditions où ils se trouvaient, quelle que fût la profondeur de «l'eau et la nature du fond plus ou moins sablonneux ou limoneux, etc., aient produit «*toujours* des traces semblables».

C'est parfaitement juste, mais comment notre confrère sait-il si plusieurs des Cruziana données comme des espèces différentes ne sont pas en réalité des traces du même animal, produites dans des conditions différentes? Pourrait-il dire si par exemple *Cruziana* cfr. *Vilanovae* ne provient pas de l'animal qui a produit *Cruziana furcifera?* C'est là une question qui ne sera peut-être jamais résolue; mais précisément la circonstance que plusieurs formes de Cruziana voisines les unes des autres se trouvent réunies, est parfaitement conciliable avec l'admission que ce sont des traces de la même espèce animale. On n'oubliera pas, d'un autre côté, que les mêmes animaux doivent nécessairement produire les mêmes espèces de traces sous l'empire des *mêmes* circonstances, cela tout au plus avec les faibles variations qu'offrent les Cruziana rapportées à la même espèce.

Je crois maintenant avoir suffisamment répondu aux objections les plus importantes faites contre ma manière de voir dans les considérations préliminaires du mémoire de M. DELGADO.

La deuxième partie, consacrée à la description des fossiles, contient également sur plusieurs points des énonciations dirigées contre ma manière de voir; mais comme elles n'offrent rien de nouveau, qu'elles sont d'une importance très secondaire, et que je crois avoir déjà démontré jusqu'à l'évidence dans le présent mémoire que les Cruziana doivent être des pistes, il me paraît superflu de me livrer ici à une réfutation ultérieure. Je dois cependant constater avec satisfaction que M. Delgado défend vivement l'opinion que Crossochorda ne peut pas être distinguée comme genre des Cruziana, et que ce qui se rapporte à la première est aussi applicable aux secondes.

Comme nous l'avons vu précédemment (p. 5), MM. de Saporta et Marion reconnaissent que les Crossochorda sont des pistes. M. Delgado s'exprime à cet égard de la façon suivante: «Néanmoins, après les considérations que nous avons faites, et que le dessin «qu'il (M. de Saporta) a lui-même donné de cette espèce, c'est à peine si nous comprenons «comment l'éminent phytologiste d'Aix peut partager une telle idée; car en effet il serait «logiquement porté à renoncer par la même raison à la valeur des preuves qu'il ajoute «pour les autres types des Bilobites.» Je suis parfaitement du même avis, quoique dans un autre sens, en ce que je pense que M. de Saporta est dans le vrai par rapport aux Crossochorda, et que l'on doit par la même raison voir des pistes dans les Cruziana.

Je profiterai, en dernier lieu, de l'occasion pour formuler ma manière de voir sur ce que M. Delgado dit relativement à *Palaeochorda*. Les exemplaires examinés par M. Delgado se composant d'un moule véritable, «indépendant de la strate de quartzite sur laquelle il «paraît», l'illustre savant croit pouvoir en tirer la conclusion que ce ne peut pas être une piste. Ce raisonnement eût été juste, si le moule s'était composé de charbon ou d'une autre substance végétale; mais si ce n'est pas le cas, comme il paraît ressortir de la description, la déduction de M. Delgado manque totalement de justesse. En effet, une piste de ver en tunnel, qui a été remplie par la vase, se présentera plus tard comme un véritable moule, tout aussi bien que la cavité qui aura été remplie après la dissolution d'un végétal. Par suite, l'assertion de M. Delgado que ces exemplaires sont de nature à prouver que les Palaeochorda sont des algues, ne possède aucune base solide.

Grâce au mémoire, magnifique à tous égards, de M. Delgado, ainsi qu'aux descriptions si exactes et si consciencieuses qu'il contient, la connaissance des intéressants objets contenus dans les quarzites de la base du système silurien du Portugal a fait un pas réel et considérable en avant. A la même fois que je reconnais pleinement ce fait, et que ce m'est un vrai plaisir de signaler avec reconnaissance la manière noble et digne dont le savant portugais a conduit la discussion avec son adversaire, je n'ai cependant pas voulu négliger d'exprimer ici franchement et ouvertement ma conviction qu'il n'existe aucune plante réelle parmi les objets décrits par M. Delgado. Les Cruziana, les Arthrophycus, les Foralites, les Palaeochorda, et peut-être une partie des Scolithus, sont des pistes de diverses espèces d'animaux, tandis qu'il y a suivant toute présomption lieu de voir dans les Vexillum des objets produits par la voie exclusivement mécanique.

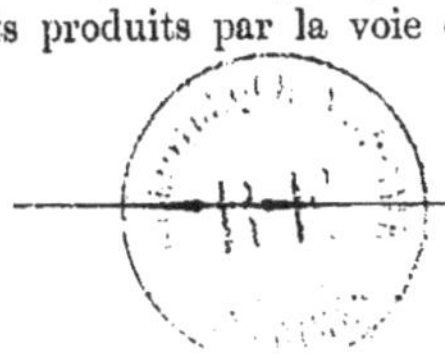

EXPLICATION DES PLANCHES.

Planche 1.

Toutes les figures de cette planche, sauf la fig. 6, ont la même grandeur que les figures ou les échantillons originaux.

Fig. 1. Copie photographique de *Chondrites filicinus* SAP., telle qu'elle est reproduite par M. DE SAPORTA dans les *Végétaux jurassiques* (Pl. 18, fig. 1).

Fig. 2. Copie photographique du même échantillon de *Chondrites filicinus* dans les *Algues fossiles* (Pl. 6, fig. 4). On voit que cette figure a été fortement idéalisée, et qu'elle a aussi reçu des additions diverses, telles que le »thallus» commun etc. Pour mieux faire ressortir ces différences, notre fig. 2 a été renversée par rapport à la figure des *Algues fossiles*, afin qu'elle reçût la même position que la fig. 1.

Fig. 3. Copie photographique du *Phymatoderma Terquemi* SAP., tel qu'on le trouve à la Pl. 2, fig. 1 a, des *Végétaux jurassiques*, et duquel M. DE SAPORTA dit (pag. 116): «1 a, plusieurs ramules grossis pour montrer «l'aspect des inégalités verruqueuses de la surface».

Fig. 4. Copie photographique du même exemplaire de *Phymatoderma Terquemi* tel qu'il est rendu par M. DE SAPORTA dans les *Algues fossiles* (Pl. 6, fig. 6 a). On voit que «les inégalités verruqueuses de la surface» ont été remplacées par une structure squamiforme, rappelant à peu près les branches de *Palæocyparis* et d'autres conifères.

Fig. 5. 5 a. Copie photographique de deux fragments grossis de *Phymatoderma cœlatum* SAP. (*Algues fossiles*, Pl. 6, ff. 7 a, 7 b.)

Fig. 6. Copie photographique en demi-grandeur naturelle d'une trace de la taupe-grillon d'après une figure publiée par M. R. ZEILLER. (Bull. de la Soc. géol. de France. 3me Série, T. 12. Pl. 30, fig. 2.)

Fig. 7, 8. Ramifications algoïdes sur de l'argile. La main a été pressée contre de l'argile tendre et imbibée d'eau; quand on l'en a détachée, l'air s'est précipité entre l'argile et la main, et ces ramifications si étonnamment régulières se sont alors formées.

Fig. 9. Moule en gypse avec ramifications algoïdes ou »dendroïdes» sur une Cruziana imitée. L'argile s'est attachée au rouleau (cf. fig. 10, p. 19 du texte) qu'elle a lâché toutefois à mesure qu'il s'est mû; c'est alors que les ramifications se sont formées.

Fig. 10. Moule en gypse avec une Cruziana imitée, qui s'est formée dans une vase molle et meuble; c'est à cette circonstance qu'est due l'irrégularité des stries, se bifurquant et s'anastomosant par endroits.

Fig. 11. Moule en gypse avec une Harlania imitée dont la terminaison apicale semble apparemment plonger dans la plaque.

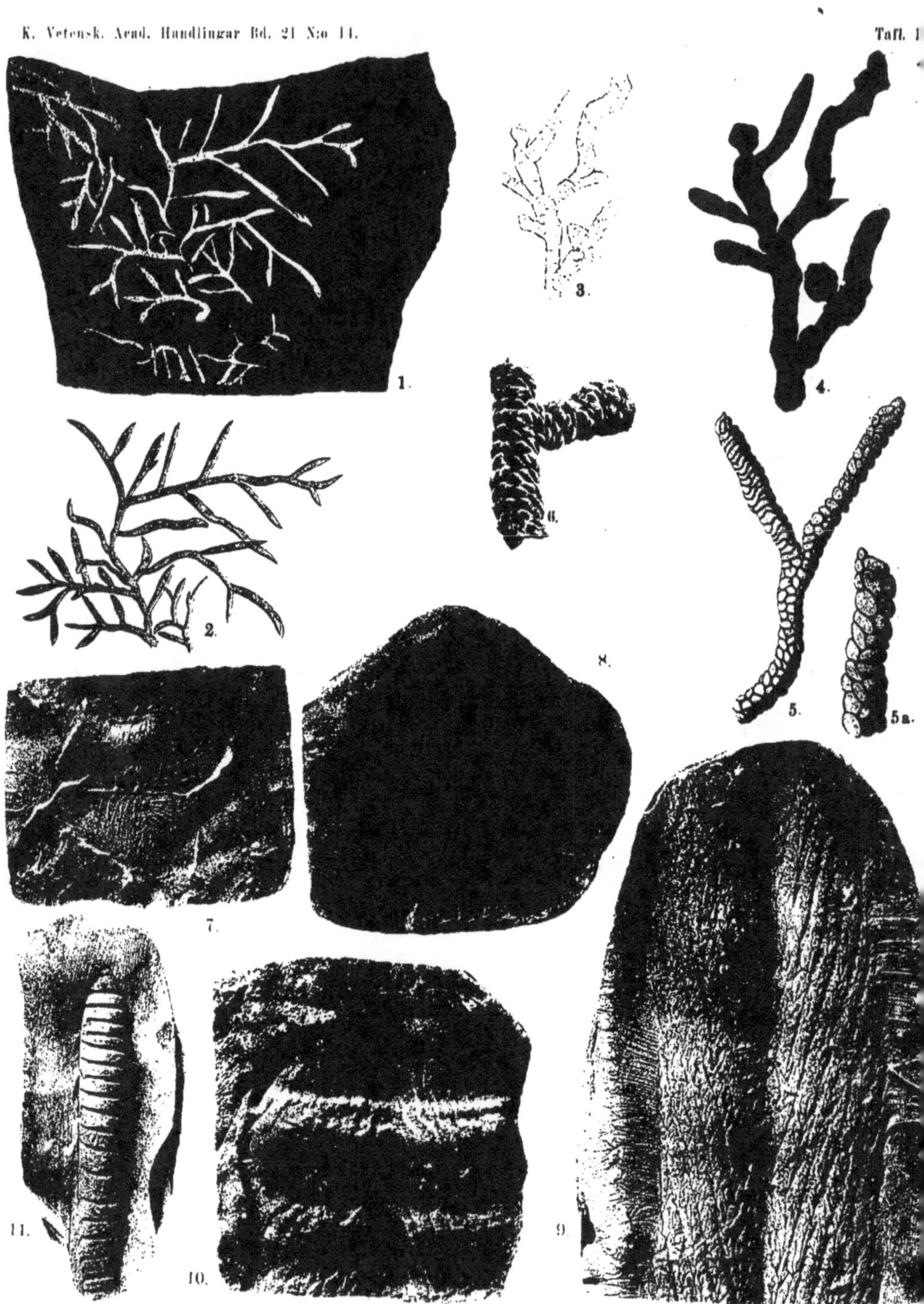

Planche 2.

Toutes les figures de cette planche sont rendues dans la même grandeur que les moules originaux.

Fig. 1, 2. Imitations de Cruziana, formées dans une vase molle et meuble, circonstance d'où provient l'irrégularité des stries.

Fig. 3. Une Cruziana imitée faisant voir des cicatrices apparentes produites par des grains de sable jetés dans la trace originale.

Fig. 4. Une Cruziana imitée faisant apparemment voir des corps appendiculaires ainsi qu'une cicatrice arrondie. Ces »corps appendiculaires», qui semblent sortir de la Cruziana même, ne sont en réalité que les moulages de petits sillons (imitations de traces de vers) formés dans la trace originale. Ils y ont pris naissance d'un trou vertical dont la figure montre le moulage brisé. La cicatrice arrondie doit son origine à un corps étranger adhérent à l'argile de la trace originale.

Fig. 5. Une Cruziana imitée montrant à droite un corps appendiculaire comme la fig. 4. On voit à gauche un autre corps appendiculaire en forme de cône brisé, qui n'est que le remplissage d'un trou vertical. L'une des stries de la Cruziana semble se détourner et se replier autour de ce «corps». L'échantillon fait voir aussi les bourrelets marginaux dus aux branches du rouleau.

Fig. 6. Plusieurs Cruziana imitées qui se croisent. Comme le rouleau n'a fait qu'effleurer l'argile, les deux «demi-cylindres» sont séparés et très minces, d'où il est résulté que les traces croisées se présentent comme des lambeaux épars à peu près transparents et formant pour ainsi dire une véritable natte.

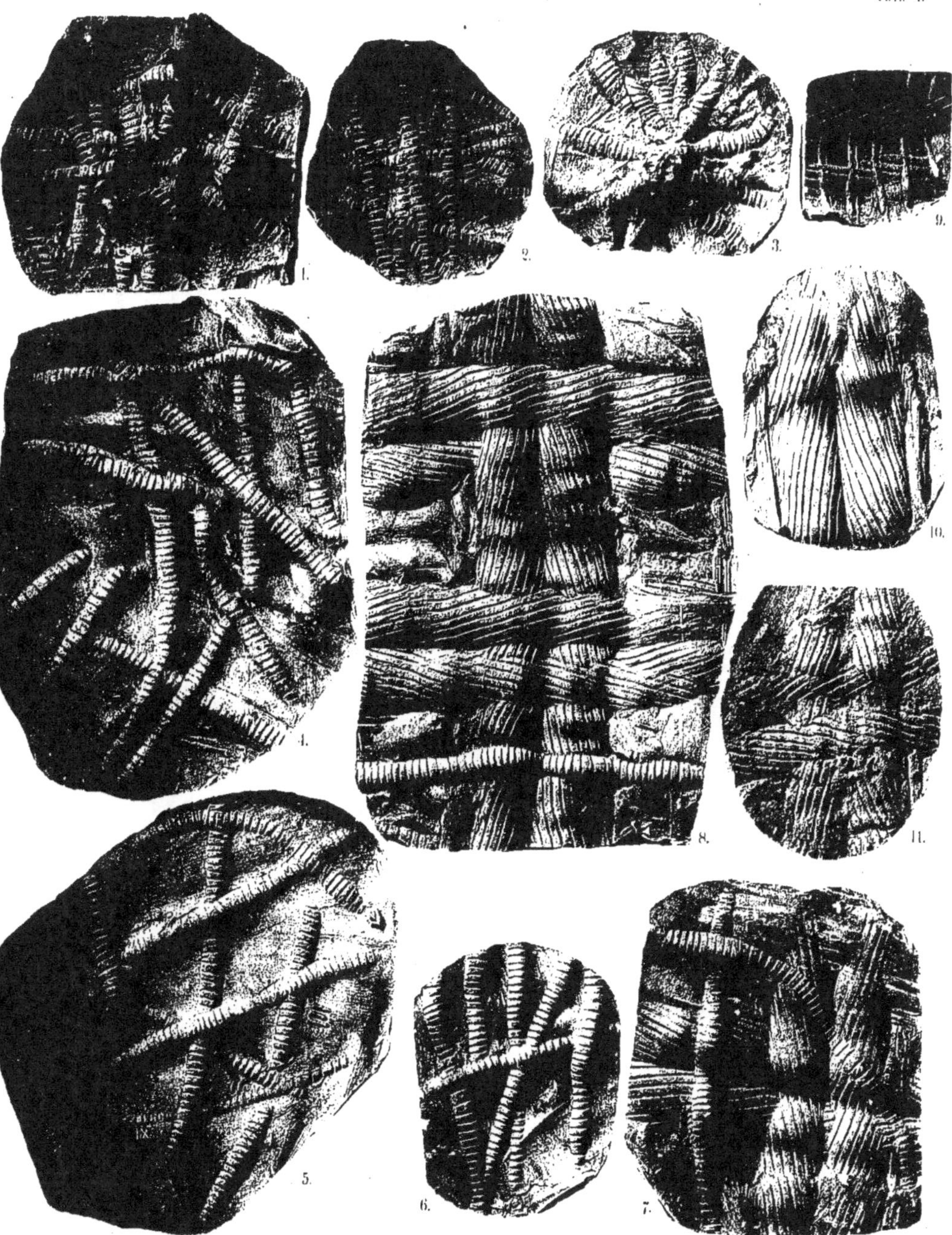

**Planche 4.

Toutes les figures de cette planche sont rendues en demi-grandeur par rapport aux moules originaux.

Fig. 1. Des Harlania imitées, occupant des niveaux différents. Le fond de l'argile ayant d'abord été sillonné, il fut ensuite recouvert en partie d'une couche d'argile. Celle-ci fut sillonnée à son tour, puis recouverte d'une nouvelle couche également sillonnée ensuite, après quoi le moulage en gypse fut pris de l'ensemble.

Fig. 2. 20 différentes Harlania imitées se croisant. Quoique naturellement plusieurs d'entre elles soient effacées, les dernières sont néanmoins parfaitement distinctes.

Fig. 3. Plusieurs Harlania imitées rayonnant du même point.

Fig. 4, 5. Grandes plaques avec plusieurs Harlania imitées. En se croisant, tantôt elles se coupent ou se superposent apparemment. La terminaison apicale est parfois très distincte. Les courts exemplaires de gauche de la fig. 4, semblent plonger apparemment dans la plaque, ce qui est aussi le cas de la trace III, fig. 5, dont le milieu paraît plonger dans le gypse. Les chiffres romains de la figure 5 indiquent l'ordre dans lequel se sont formées les différentes traces.

Fig. 6. Plaque avec des Harlania imitées. On voit vers le bas de la plaque une bifurcation apparente. La trace transversale semble passer par-dessus les traces de gauche mais par-dessous celle de droite, laquelle s'est formée la dernière.

Fig. 7. Plaque avec deux Harlania et deux Cruziana imitées. La Harlania de gauche semble passer par-dessus la Cruziana tranversale, mais par-dessous l'autre Harlania. La Cruziana longitudinale fait voir une courbure distincte en croisant l'autre. Celle-ci s'est formée la première, puis sont venues la Cruziana et la Harlania longitudinales, et plus tard l'autre Harlania.

Fig. 8. Grande plaque avec trois Cruziana et une Harlania imitées. La Cruziana longitudinale a été formée la première, puis sont venues les autres qui la croisent. L'exemplaire supérieur de celles-ci semble apparremment pénétré par l'exemplaire longitudinal. Cette apparence est due au fait que le rouleau a reçu une position oblique en croisant la Cruziana longitudinale. De cette position oblique est résultée la circonstance que la dite Cruziana n'a été effacée que par l'une des convexités du rouleau (voir la fig. 12 du texte page 23). La Cruziana transversale inférieure fait voir comment les deux «demi-cylindres», réunis à gauche se séparent peu à peu vers la droite, où ils rencontrent près du bord un petit fragment d'une autre Cruziana. L'exemplaire de Harlania fait voir deux courbures distinctes en croisant la Cruziana longitudinale.

Fig. 9. Une Cruziana imitée croisant de petites élévations en forme de cordons. Les sillons correspondants à ceux de la trace originale, n'ayant été que partiellement effacés par la Cruziana, il en est résulté que le moulage a reçu une apparence telle qu'on dirait les deux espèces d'objets entrelacées.

Fig. 10. La terminaison apicale d'une Cruziana imitée. Cet exemplaire fait aussi voir le bourrelet marginal dû aux branches du rouleau.

Fig. 11. Deux Cruziana imitées qui se croisent en se pénétrant et s'anastomosant apparemment.

Planche 5.

Fig. .1. Moule en gypse, grandeur naturelle, avec deux Cruziana imitées se croisant. L'échantillon fait voir
courbure très distincte chez l'exemplaire longitudinal à son passage par-dessus le transversal.

Fig. 2. Moule en gypse, grandeur naturelle, avec une Cruziana imitée montrant des «anneaux» ou renfleme
dus aux mouvements irréguliers du rouleau (qui n'était pas le même que celui figuré page 19, fig. :
Du flanc de droite semblent apparemment sortir des parties montrant la même sculpture que la surf
ce qui pourrait donner lieu à l'admission qu'il s'agit d'une structure interne. Pour l'explication d
manière dont cette structure s'est formée, voir l'Appendice page 52.

Fig. 3. Copie photographique, à $\frac{1}{5}$ environ de la grandeur naturelle, d'une grande plaque de grès de Hör couv
de *ripple-marks*. Ces *ripple-marks*, qui se bifurquent et s'anastomosent, sont nettement limitées co
le grès blanc en conséquence de leur teinte foncée, due à un enduit de sable argileux. Elles se trou
sur la face inférieure de la plaque, où elles se présentent en demi-relief, et l'échantillon montre
conséquence les remplissages des dépressions formées par les rides. L'échantillon original appartient
musée géologique de Lund. La concordance avec *Laminarites Layrangei* SAP. (*Algues fossiles*, Pl. 4)
complète, comme on le peut voir.

Fig. 4. Moule en gypse, grandeur naturelle, avec une Cruziana imitée, formée dans une vase molle et meu
circonstance à laquelle on doit l'irrégularité des stries.

TABLE DES MATIÈRES.

Du même auteur.

Mémoire sur quelques traces d'animaux sans vertèbres et sur leur portée paléontologique. 1 vol. in 4:o avec 11 planches en phototypie et plusieurs figures intercalées dans le texte... 15 francs.

Om några förmodade växtfossilier (Sur quelques plantes fossiles supposées). 1 vol. in 8:o avec 5 planches lithographiées .... 3 francs.

Om aftryck af medusor i Sveriges kambriska lager (Sur des empreintes de Méduses dans les couches cambriennes de la Suède). 1 vol. in 4:o avec 6 planches en phototypie .... 5 francs.

Bidrag till Sveriges fossila flora. I. Växter från rätiska formationen vid Pålsjö i Skåne. (Contributions à la flore fossile de la Suède. I. Plantes rhétiques de Pålsjö en Scanie.) 1 vol. in 4:o avec 16 planches lithographiées..... 8 francs.

Bidrag till Sveriges fossila flora. II. Floran vid Höganäs och Helsingborg. (Contributions à la flore fossile de la Suède. II. La flore d'Höganäs et d'Helsingborg.) 1 vol. in 4:o avec 8 planches lithographiées .... 6 francs.

Contributions à la flore fossile du Japon. 1 vol in 4:o avec 16 planches lithographiées .... 15 francs.

Tous ces ouvrages peuvent être obtenus directement contre mandat postal, recouvrement par la poste, ou par la voie de la librairie, chez MM. NORSTEDT & SÖNER, Stockholm.